工业和信息化**精品系列**教材

大学计算机基础实践教程（Windows 7+Office 2016）

邱建林 刘琴琴 朱阳燕◎主编
雷丽婷 陈枢茜 吕兴琴 解祥新◎副主编

人 民 邮 电 出 版 社
北 京

图书在版编目（CIP）数据

大学计算机基础实践教程 : Windows 7+Office 2016/
邱建林，刘琴琴，朱阳燕主编. -- 北京 : 人民邮电出版
社，2021.11（2023.7重印）
工业和信息化精品系列教材
ISBN 978-7-115-57235-6

Ⅰ. ①大… Ⅱ. ①邱… ②刘… ③朱… Ⅲ. ①Windows操作系统－高等学校－教材②办公自动化－应用软件－高等学校－教材 Ⅳ. ①TP316.7②TP317.1

中国版本图书馆CIP数据核字(2021)第175606号

内 容 提 要

本书是《大学计算机基础》配套的实践教材。全书共两部分，第一部分内容为计算机与信息技术、操作系统基础、Word 2016 文字处理、Excel 2016 电子表格处理、PowerPoint 2016 演示文稿处理、计算机网络基础、数据库基础；第二部分内容为全国计算机等级考试二级公共基础知识概述。

本书可作为高等院校各专业“大学计算机基础”课程的实践教材，也可作为参加全国计算机等级考试和全国高校非计算机专业计算机基础考试的参考书。

◆ 主　　编　邱建林　刘琴琴　朱阳燕
副 主 编　雷丽婷　陈枢茜　吕兴琴　解祥新
责任编辑　刘　佳
责任印制　彭志环

◆ 人民邮电出版社出版发行　　北京市丰台区成寿寺路 11 号
邮编　100164　　电子邮件　315@ptpress.com.cn
网址　https://www.ptpress.com.cn
涿州市京南印刷厂印刷

◆ 开本：787×1092　1/16
印张：10　　2021 年 11 月第 1 版
字数：281 千字　　2023 年 7 月河北第 4 次印刷

定价：39.80 元

读者服务热线：(010)81055256　印装质量热线：(010)81055316
反盗版热线：(010)81055315
广告经营许可证：京东市监广登字 20170147 号

前言 PREFACE

随着计算机技术的飞速发展，计算机在经济与社会发展中的地位越来越重要。同时，根据计算机科学发展迅速的特点，计算机教育应面向社会、面向应用，与社会接轨、与时代同行。

为了满足 21 世纪经济建设对人才知识结构、计算机文化素质与应用技能的要求，适应计算机科学技术和应用技术的迅猛发展，适应高等学校新生知识结构的变化，我们总结了多年来的教学实践和组织计算机等级考试的经验，组织编写了本书。本书既具备计算机基础教育的基础性、广泛性和一定的理论性，又具备计算机教育的实践性、实用性和更新发展性；既照顾到了高校新生中从未接触过计算机的学生，又照顾到了具有一定计算机基础的学生的学习要求。

本书是《大学计算机基础》的配套教程，强调实训操作的内容、方法和步骤。本书的教学目的在于让学生在掌握基本理论的同时，掌握每个章节的知识要点，提高动手操作能力，最终对知识进行全面的了解和掌握，并为参加全国计算机等级考试做好准备。

本书内容密切结合了教育部关于该课程的基本教学要求，紧跟计算机系统中软件和硬件的发展，结构严谨，层次分明。在教学内容上，各高校可根据教学学时、学生的实际情况进行取舍。

本书由南通理工学院邱建林、刘琴琴、朱阳燕任主编，雷丽婷、陈枢茜、吕兴琴、解祥新任副主编，梅香香、江小静、金彬参与了本书的编写。王兴洲负责统稿工作，并提出许多宝贵意见。

由于编者水平有限，书中难免有不足之处，敬请广大读者批评指正。

编者

2021 年 6 月

目录 CONTENTS

第一部分　实训指导

第 1 章

第 2 章

第 3 章

第 4 章

第一部分　实训指导

第 1 章 计算机与信息技术

01

实训项目一　键盘及键盘指法练习

一、实训目的

- 熟悉键盘的构成及各按键的功能。
- 了解键盘的键位分布并掌握正确的键盘指法。
- 掌握键盘指法练习软件“金山打字通”的使用方法。

二、实训内容

1．键盘

键盘是用户向计算机输入数据和命令的工具。随着计算机技术的发展，输入设备的种类越来越丰富，但键盘的主导地位却难以被替代。正确地掌握键盘的使用方法，是学好计算机操作的第一步。键盘通常分为 5 个区域，分别是主键盘区、功能键区、编辑键区、小键盘区（辅助键区）和状态指示区，如图 1.1 所示。

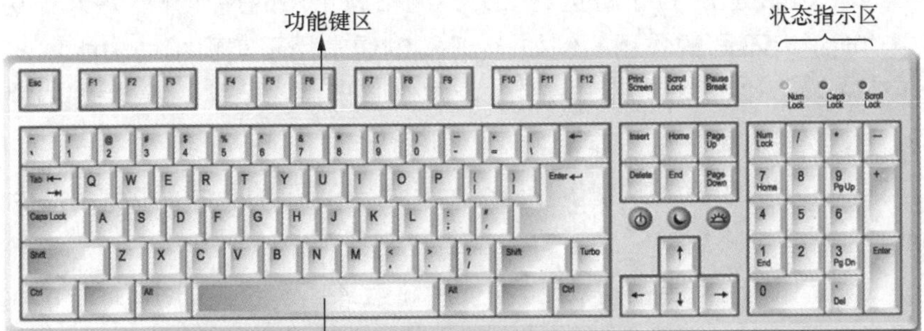

图 1.1　键盘示意图

（1）主键盘区

键盘的左下方是主键盘区，其中共有 61 个键，它们的排列顺序与英文打字机类似，主键盘区也被称为打字键盘区。主键盘区是键盘的主要组成部分，包括字母键、数字键、常用运算符键、标点符号键，以及几个重要的控制键。

① 字母键（A～Z）：主键盘区的中心区域。按字母键，屏幕上就会出现对应的字母。

② 数字键（0～9）：标有 0～9 这 10 个数字的键。直接按数字键，可输入数字；按住<Shift>键不放，再按数字键，可输入数字键中数字上方的符号。

③ Tab（制表键）：按此键一次，光标后移一个固定的字符位置。此键一般用于在编辑器中编写文件或程序时将光标向后移动 8 个字符的间隔。

④ Caps Lock（大小写转换键）：用来转换字母的大小写状态。当输入的字母为小写状态时，按一次此键，键盘右上方的 Caps Lock 指示灯亮，切换为大写字母状态；再按一次此键，Caps Lock 指示灯灭，切换为小写字母状态。

⑤ Shift（换挡键）：键面有上下两个字符的键称为双字符键，当单独按这些键时，输入下挡字符；若先按住<Shift>键不放，再按双字符键，则输入上挡字符。例如，若要输入一个“#”，需要先按住<Shift>键不放，然后再按标有“#”的键。

⑥ Ctrl、Alt（控制键）：可以与其他键配合实现特殊功能。<Ctrl>、<Alt>键配合其他键一起使用，可以实现多种功能。例如，按<Ctrl>+<C>组合键，可以复制选中的内容。

⑦ Space（空格键）：按此键一次输入一个空格。

⑧ Backspace（退格键）：按此键一次可删除光标左侧的一个字符，同时光标左移一个字符位置。

⑨ Enter（回车键、换行键）：段落的结束键。按此键一次可使光标移到下一行。

⑩ Windows（Win 键）：位于<Ctrl>键和<Alt>键之间，通常结合其他键使用。例如，按<Windows>+<D>组合键，可使当前所有的窗口最小化；再按一次这个组合键，将还原这些最小化的窗口。

（2）功能键区

① F1～F12（功能键）：位于键盘的上方，通常将常用的操作命令定义在功能键上，在不同的软件中功能键有不同的作用。例如，<F1>键通常用于实现帮助功能。

② Esc（退出键）：按此键可放弃操作，此键经常用来取消某一操作或正在执行的命令。如输入汉字时可取消没有输完的汉字。

③ Print Screen（打印键/截屏键）：按此键可将整个屏幕的画面复制到剪贴板；按<Alt>+<Print Screen>组合键可将当前活动窗口的画面复制到剪贴板。

④ Scroll Lock（滚动锁定键）：该键在使用磁盘操作系统（Disk Operating System，DOS）的时期用处很大，在阅读文档时，使用该键能非常方便地翻页。随着技术的发展，在使用 Windows 操作系统后，<Scroll Lock>键的作用越来越小，不过在 Excel 软件中，利用该键可以在使用翻页键（如<Page Up>键和<Page Down>键）时只滚动页面，而选定的单元格区域不随之发生变化。

⑤ Pause Break（暂停键）：用于暂停执行程序或命令，按任意字符键后，再继续执行。如按<Ctrl>+< Pause Break>组合键可以中断命令的执行或程序的运行。

（3）编辑键区

① Ins/Insert（插入/改写转换键）：按此键，可在插入和改写状态之间转换，即在光标左侧插入字符或覆盖光标右侧字符。

② Del/Delete（删除键）：按此键，可以删除当前光标右侧的一个字符。

③ Home（行首键）：按此键，可将光标移到当前行的开头。

④ End（行尾键）：按此键，可将光标移到当前行的末尾。

⑤ Pg Up/Page Up（向上翻页键）：按此键，可将光标定位到当前屏幕的上一页。

⑥ Pg Dn/Page Down（向下翻页键）：按此键，可将光标定位到当前屏幕的下一页。

⑦ ←、→、↑、↓（光标移动键）：分别按各键，可使光标向左、向右、向上、向下移动一个字符。

（4）小键盘区

小键盘区位于键盘的最右侧，主要为输入大量的数据提供方便。小键盘区中的各键既可作为数字键，又可作为编辑键。两种状态的转换由该区域左上角的数字锁定转换键<Num Lock>控制，当 Num Lock 指示灯亮时，该区域处于数字键状态，可输入数字和运算符号；当 Num Lock 指示灯灭时，该区域处于编辑状态，利用小键盘区中的键可进行光标移动、翻页、插入、删除等编辑操作。

（5）状态指示区

状态指示区包括 Num Lock 指示灯、Caps Lock 指示灯和 Scroll Lock 指示灯。根据相应指示灯的亮和灭，可判断出小键盘区状态、字母大小写状态和滚动锁定状态。

2. 正确的键盘操作姿势

键盘操作姿势的正确与否将直接影响用户的工作情绪和工作效率。在操作键盘时，如果不使用正确的操作姿势，不仅会降低工作效率，时间长了还可能使人感到疲劳。因此，掌握正确的键盘操作姿势非常重要。正确的键盘操作姿势如图 1.2 所示。

图 1.2　正确的键盘操作姿势

① 平坐并且将身体的重心置于椅子上，坐姿端正，腰背挺直，双脚自然落地。

② 两肩自然放松，两臂自然下垂，肘与腰部的距离为 5～10cm。大臂自然悬垂，小臂与地面保持平行，手臂与手腕都不压在键盘或桌面上，手腕与键盘下边框保持 1cm 左右的距离。

③ 手掌以手腕为轴略微向上抬起，手指略微弯曲、自然下垂轻放在正确的键位上，左右手的大拇指轻放在空格键上。

3. 键盘指法

（1）基准键与手指的对应关系

基准键与手指的对应关系如图 1.3 所示。

基准键：位于主键盘区的中间一行，包括<A>、<S>、<D>、<F>、<J>、<K>、<L>、<；>共 8 个键。

打字时，左手的小指、无名指、中指、食指分别放在<A>、<S>、<D>、<F>键上，右手的食指、中指、无名指、小指分别放在<J>、<K>、<L>、<；>键上。

（2）键盘的指法分区

在基准键的基础上，其他字母键、数字键和符号键与 8 个基准键相对应，键盘的指法分区如图 1.4 所示。虚线范围内的键位由规定的手指管理，左右外侧的剩余键位分别由左右手的小指来管理，空格键由左右手的大拇指管理。

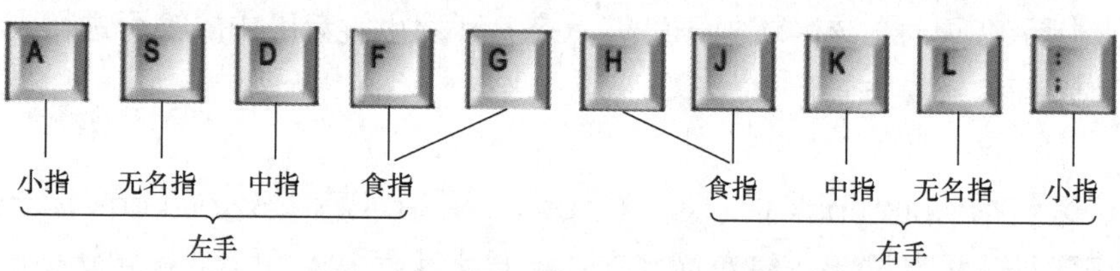

图 1.3　基准键与手指的对应关系

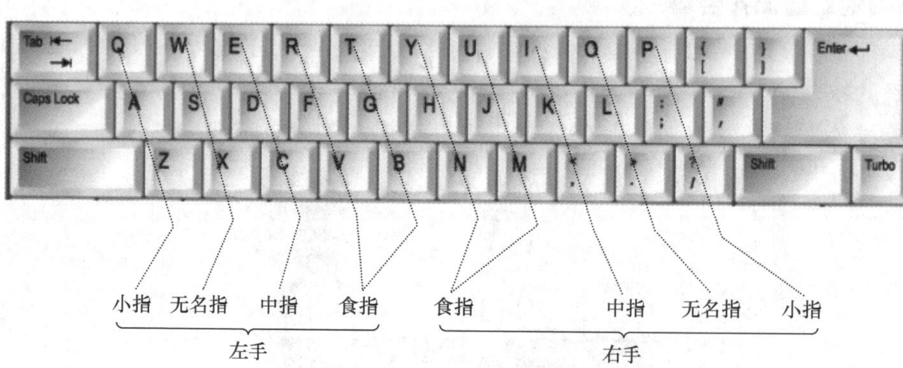

图 1.4　键盘的指法分区

（3）按键方法

① 手腕平直，保持手臂静止，按键动作仅限于手指，动作轻且节奏均匀。

② 手指略微弯曲，微微拱起，以<F>键与<J>键上的凸出横条为识别记号，左右手的食指、中指、无名指、小指依次放于基准键上，大拇指则轻放于空格键上，在按了其他键后手指重新放回基准键上。

③ 输入数据时，手指按对应键，输入后手指迅速回到基准键上，做好下次按键准备。如需按空格键，则用大拇指向下轻按；如需按<Enter>键，则用右手小指轻按。

④ 输入数据时，目光应集中在屏幕或者资料上，凭手指触摸键盘确定键位，初学时不要养成用眼睛确定键位的习惯。

4. 鼠标的用法

（1）鼠标

鼠标是计算机的一种外接输入设备，也是定位计算机显示系统纵、横坐标的指示器，因外形似老鼠而得名。移动鼠标可以方便地在屏幕上进行定位，按压鼠标的左键、右键和滚轮可进行相应操作。

① 鼠标有左键和右键，通常中间有滚轮，滑动滚轮可以进行翻页操作，也可以按滚轮实现对应操作。

② 一般情况下，按鼠标左键一次，作用是选定对象。

③ 快速按鼠标左键两次，作用是运行程序或打开文档。

④ 按鼠标右键一次，作用是打开相应对象的快捷菜单。

⑤ 拖曳鼠标可以移动对象或者连续选中相应的内容。

（2）鼠标指针

使用鼠标时，鼠标指针在不同情况下会呈现不一样的形状，鼠标指针的部分形状的含义如下。

① 箭头：表示用户可以正常地进行操作。

② 手指：说明此处有超链接，单击超链接可以进行跳转。

③ 文本选择：用于在文字编辑区内指示编辑位置，可以进行字符的输入。

④ 滴漏：表示此时系统正忙，正在运行程序。

5. 键盘指法练习软件“金山打字通”

键盘指法练习软件的作用是通过软件中设置的多种打字练习方式，使练习者通过键位记忆、文章练习掌握标准键盘指法，提高打字速度。目前可用的键盘指法练习软件较多，下面以“金山打字通”为例，简要介绍键盘指法练习软件的使用方法，如要使用其他键盘指法练习软件，可根据相关介绍进行使用。

三、实训案例

打开“金山打字通”，显示图 1.5 所示的主界面，可以看到该软件提供了英文打字、拼音打字、五笔打字 3 种主流输入法的针对性练习，并可以进行打字测试、打字游戏等。每种输入法均从最简单的字母或字根练习开始，逐渐过渡到词组和文章练习，为初学者提供了一个从易到难的学习过程。

单击“英文打字”按钮，打开键位练习（初级）界面，如图 1.6 所示。根据程序要求，运用键盘进行键盘指法练习，熟练完成练习内容后，可单击“课程选择”右侧的下拉按钮，在下拉列表中选择软件预先设置的课程内容进行练习。

图 1.5 “金山打字通”主界面

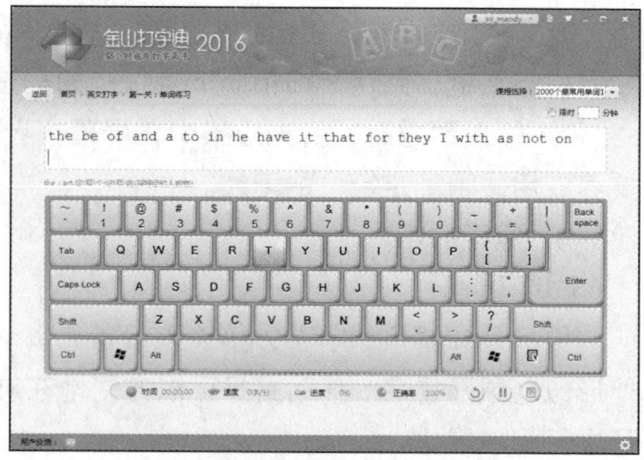

图 1.6 键位练习（初级）界面

四、实训拓展

使用“金山打字通”键盘指法练习软件进行打字练习，要求从基准键开始，在保证正确率的同时兼顾速度，循序渐进，直至熟练掌握快速盲打的技能。

■ 任务一 熟悉基准键的位置

打开“金山打字通”，单击“英文打字”按钮，进入键位练习（初级）界面，单击“课程选择”右侧的下拉按钮，在下拉列表中选择“键位课程一：asdfjkl;”课程，进行基准键的初级练习；熟练掌握后，进入键位练习（高级）界面，单击“课程选择”右侧的下拉按钮，在下拉列表中选择“键位课程一：asdfjkl;”课程，进行基准键的高级练习。

■ 任务二 熟悉键位的手指分工

打开“金山打字通”，单击“英文打字”按钮，进入键位练习（初级）界面，单击“课程选择”右侧的下拉按钮，在下拉列表中选择“手指分区练习”课程，进行手指分区键位的初级练习；熟练掌握后，进入键位练习（高级）界面，单击“课程选择”右侧的下拉按钮，在下拉列表中选择“手指分区练习”课程，进行手指分区键位的高级练习。

■ 任务三 单词输入练习

打开“金山打字通”，单击“英文打字”按钮，进入键位练习（初级）界面，单击“单词练习”右侧的下拉按钮，在下拉列表中打开“单词练习”界面，按照程序要求进行单词输入练习，如图 1.7 所示。

■ 任务四 文章输入练习

打开“金山打字通”，单击“英文打字”按钮，进入键位练习（初级）界面，单击“文章练习”按钮，打开“文章练习”界面，按照程序要求进行文章输入练习。

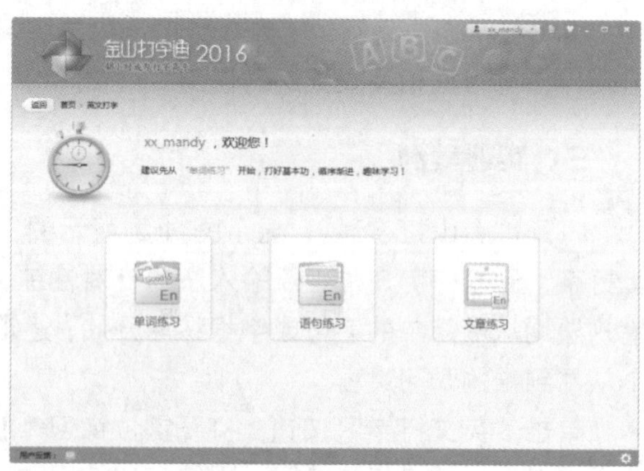

图 1.7 任务练习选择

实训项目二 硬件的认识与连接

一、实训目的

- 认识硬件的基本配置。
- 掌握硬件连接步骤及安装过程。

二、实训内容

1. 硬件的基本配置

硬件主要有主机、显示器、键盘和鼠标。具有多媒体功能的计算机配有音箱、话筒等设备。除此之外，计算机还可外接打印机、扫描仪、数码相机等设备。

计算机最主要的硬件位于机箱中，如计算机的主板、电源、CPU、内存、硬盘、各种板卡（如显卡、声卡、网卡）等。机箱的前面板上有一些按钮和指示灯，有的还有一些接口，背面有一些插槽和接口。

2. 硬件连接步骤及安装过程

首先在主板的对应插槽里安装 CPU、内存等，如图 1.8 所示；然后把主板安装在机箱内，再安装光驱、硬盘，接着安装显卡、声卡、网卡等各种板卡，并连接机箱内的接线，如图 1.9 所示；最后连接外部设备，如显示器、鼠标、键盘等。

图 1.8 计算机的主板

（1）安装电源

把图 1.10 所示的电源放在机箱的电源固定架上，使电源上的螺丝孔和机箱上的螺丝孔一一对应，然后拧上螺丝。

图 1.9 计算机机箱内部

图 1.10 电源

（2）安装 CPU

将主板平置于桌面，CPU 的正面和背面如图 1.11 和图 1.12 所示，CPU 插槽是一个布满均匀圆形小孔的方形插槽，根据 CPU 的针脚和 CPU 插槽上插孔的位置的对应关系确定 CPU 的安装方向。拉起 CPU 插槽边上的拉杆，将 CPU 的引脚缺针位置对准 CPU 插槽相应位置，待 CPU 针脚完全放入后，将拉杆拉至水平方向，锁紧 CPU。之后涂抹散热硅胶并安装散热器，然后将风扇电源线插头插到主板上的 CPU 风扇插座上。

图 1.11　CPU 正面

图 1.12　CPU 背面

（3）安装内存

内存插槽是一个长条形的插槽，内存插槽中间有一个用于定位的凸起部分，如图 1.13 所示。按照内存插脚上的缺口位置将内存压入内存插槽，使插槽两端的卡子完全卡住内存。插入过程中，两边的卡子随压力抬起，最后，卡子上端的钩子正好卡住内存两边的半圆形卡口。

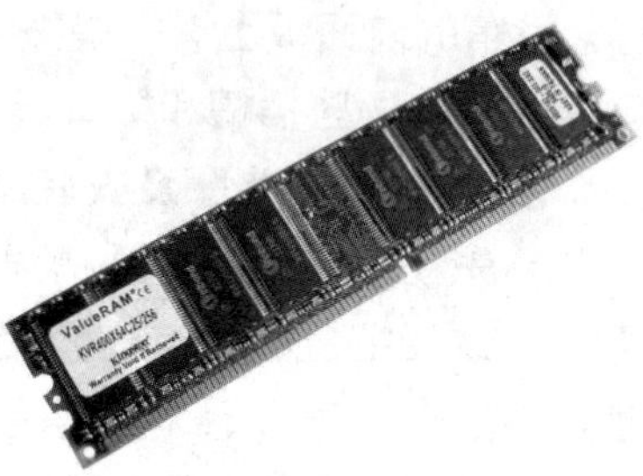

图 1.13　内存

（4）安装主板

先将机箱自带的金属螺柱拧入主板支撑板的螺丝孔中，将主板放入机箱，注意将主板上的固定孔对准拧入的金属螺柱，主板的接口区对准机箱背部的对应接口孔，边调整位置边依次拧紧螺丝以固定主板。

（5）安装光驱、硬盘

拆下机箱前面板预留的光驱安装位置对应的挡板，将图 1.14 所示的光驱从机箱前面板平行推入机箱内部，边调整位置边拧紧螺丝，把光驱固定在托架上。使用同样的方法从机箱内部将图 1.15 所示的硬盘推入并固定于托架上。放入硬盘时，应尽量使硬盘靠近机箱前面板，但要与机箱前面板保持一定的距离。

图 1.14　光驱

图 1.15　硬盘

（6）安装显卡、声卡、网卡等各种卡

根据显卡（见图 1.16）、声卡（见图 1.17）、网卡（见图 1.18）等板卡的接口（PCI 接口、AGP 接口、PCI-E 接口等）确定不同板卡对应的插槽（PCI 插槽、AGP 插槽、PCI-E 插槽等），取下机箱内部与插槽对应的金属挡片，将相应板卡插脚对准对应插槽，板卡挡板对准机箱内挡片孔，用力将板卡压入插槽中并拧紧螺丝，将板卡固定在机箱上。

图 1.16　显卡

图 1.17　声卡

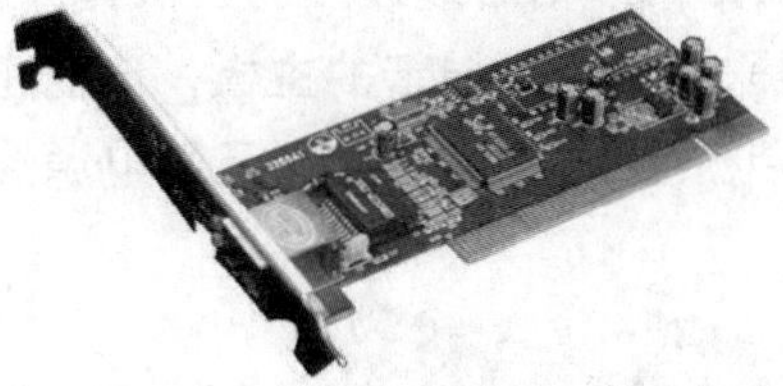

图 1.18　网卡

（7）连接机箱内部的接线

① 连接主板电源线：把电源上的供电线插头（20 芯或 24 芯）插入主板对应的电源插槽中。电源插头有一个防止插反和起固定作用的卡扣，连接时注意保持卡扣和卡座在同一方向上。为了给 CPU 提供更强、更稳定的电压，目前的主板会提供一个给 CPU 单独供电的接口（4 针、6 针或 8 针），连接时，把电源上的供电插头插入主板中 CPU 附近对应的电源插座上。

② 连接主板上的数据线和电源线：包括硬盘、光驱等的数据线和电源线。

- 硬盘数据线（见图 1.19）。根据硬盘接口类型不同，硬盘数据线分为 PATA 硬盘采用的 80 芯扁平 IDE 数据排线和 SATA 硬盘采用的 7 芯数据线。由于 80 芯扁平 IDE 数据排线的接头中间设计了一个凸起部分，7 芯数据线接头是 L 形防呆盲插接头，因此可通过这些识别接头的插入方向。将硬盘数据线一端的插头插入主板上的 IDE1 插座或 SATA1 插座，将硬盘数据线另一端插头插入硬盘的数据接口中，插入方向由插头上的凸起部分或 L 形部分确定。
- 光驱的数据线连接方法与硬盘的数据线连接方法相同，把数据线插到主板上的另一个 IDE 插座或 SATA 插座上即可。
- 硬盘、光驱的电源线（见图 1.20）。把电源提供的电源线插头分别插到硬盘和光驱上。电源插头都有防呆设计，只有方向正确才能插入，因此不用担心插反。

图 1.19　硬盘数据线

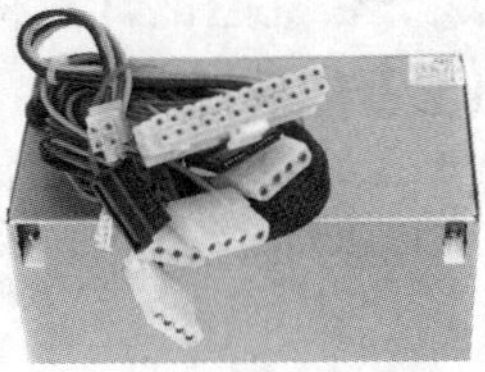

图 1.20　硬盘、光驱的电源线

③ 连接主板信号线和控制线：包括 POWER SW（开机信号线）、POWER LED（电源指示灯线）、H.D.D LED（硬盘指示灯线）、RESET SW（复位信号线）、SPEAKER（前置报警喇叭线）等，如图 1.21 所示。把信号线插头分别插到主板上对应的插针上（一般在主板边缘，并有相应标识），其中，开机信号线和复位信号线没有正负极之分；前置报警喇叭线是 4 针结构，红线为+5V 供电线，与主板上的+5V 接口对应；硬盘指示灯线和电源指示灯线要区分正负极，一般情况下，红色代表正极。

（8）连接外部设备

① 连接显示器：如果是 CRT 显示器（以 CRT 显示器为例），就把旋转底座固定到显示器底部，然后把视频信号线连接到主机背部面板（见图 1.22）的 15 针 D 型视频信号插座上（如果计算机采用集成了显卡的主板，该插座在 I/O 接口区；如果计算机采用独立显卡，该插座在显卡挡板上），最后连接显示器电源线。

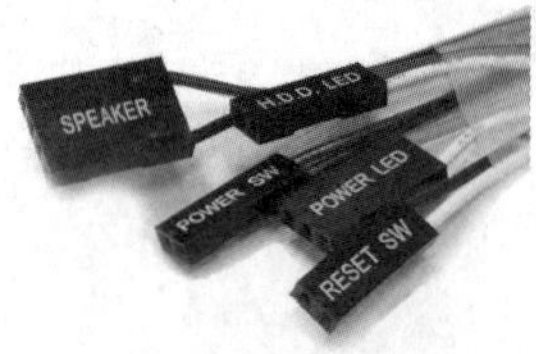

图 1.21 主板信号线和控制线

图 1.22 主机背部面板

② 连接键盘和鼠标：鼠标、键盘的 PS/2 接口位于机箱背部 I/O 接口区，连接时可根据插头、插槽颜色和图形标识来区分，紫色为键盘接口，绿色为鼠标接口；具有 USB 接口的鼠标，插到任意一个 USB 接口上即可。

③ 连接音箱/耳机：独立声卡或集成声卡通常有 LINE IN（线路输入）、MIC IN（话筒输入）、SPEAKER OUT（扬声器输出）、LINE OUT（线路输出）等插孔；若计算机外接有源音箱，可将其插入 LINE OUT 插孔，否则插入 SPEAKER OUT 插孔；耳机可插入 SPEAKER OUT 插孔或 LINE OUT 插孔。

以上步骤完成后，计算机系统的硬件部分就基本安装完毕了。

三、实训拓展

■ 任务一 硬件的连接与安装

观察硬件组成，了解主板各部件的名称、功能等，了解主板上常用接口的功能、外观形状、颜色、插针数和防插反措施。熟悉常用外部设备的连接方法，注意区分不同设备接口的颜色和形状。尝试组装一台完整的计算机。

■ 任务二 主机设备的拆卸

当计算机主机内部的硬件发生故障时，就需要打开主机机箱，对故障设备进行维修或更换。硬件的拆卸步骤与其安装步骤相反。

第 2 章 操作系统基础

02

实训项目一 Windows 7 系统的基本操作

一、实训目的

- 认识 Windows 7 系统的桌面及驱动器、文件和文件夹、资源管理器。
- 掌握鼠标的基本操作及使用方法。
- 熟练掌握文件或文件夹的选取、Windows 7 系统窗口的基本操作。
- 掌握 Windows 7 系统中新一代文件管理系统——库的使用。
- 掌握文件和文件夹管理的常用方法。
- 掌握中文输入法及系统日期/时间的设置方法。

二、实训内容

1. Windows 7 系统的桌面

"桌面"就是用户启动计算机登录到系统后看到的整个屏幕界面，如图 2.1 所示。它是用户和计算机进行交流的窗口，可以放置用户经常用到的应用程序和文件的图标，用户可以根据自己的需要在桌面上添加各种快捷方式图标，在使用时双击快捷方式图标就能够快速启动相应的应用程序或打开相应的文件。利用 Windows 7 系统的桌面，

图 2.1 Windows 7 系统的桌面

用户可以有效地管理自己的计算机。

第一次启动 Windows 7 系统时，桌面上只有“回收站”图标，大家熟悉的 Windows XP 系统中的“我的电脑”“Internet Explorer”“我的文档”“网上邻居”等图标被整理到了“开始”菜单中。桌面最下方的小长条是 Windows 7 系统的任务栏，它显示系统正在运行的应用程序和当前时间等内容，用户也可以对它进行一系列的设置。任务栏的左边是“开始”按钮，右边是语言栏、工具栏、通知区域、时钟区等，最右端为“显示桌面”按钮，中间是应用程序按钮分布区，如图 2.2 所示。

单击任务栏中的“开始”按钮可以打开“开始”菜单。“开始”菜单左边是常用应用程序的快捷列表，右边为系统工具和文件管理工具列表。Windows 7 系统中取消了 Windows XP 系统中的快速启动栏，用户可以通过拖动鼠标把应用程序直接附加在任务栏上快速启动。应用程序按钮分布区包含当前运行的应用程序和打开的窗口的图标；语言栏的作用是便于用户快速选择各种语言输入法，语言栏可以在任务栏中最小化显示，也可以被还原，独立于任务栏之外；工具栏显示用户添加到任务栏上的工具，如地址、链接等。

图 2.2　Windows 7 系统的任务栏

2. 驱动器、文件和文件夹

驱动器是通过某种文件系统格式化并带有一个标识名的存储区域。驱动器可以是可移动磁盘、光盘、硬盘等，驱动器的名字是用单个英文字母表示的，当有多个硬盘或将一个硬盘划分成多个区时，通常按字母顺序依次标识为 C、D、E 等。

文件是具有名称的一组相关信息的集合，程序和数据都以文件的形式存放在计算机的硬盘中。每一个文件都有一个文件名，文件名由主文件名和扩展名两部分组成，操作系统通过文件名对文件进行存取。文件夹是将文件分类存储的“抽屉”，它可以分门别类地管理文件。文件夹也用图标显示，包含不同内容的文件夹显示的图标是不太一样的。Windows 7 系统中的文件、文件夹的组织结构是树形结构，即一个文件夹中可以包含多个文件和文件夹，但一个文件或文件夹只能从属于一个文件夹。

3. 资源管理器

资源管理器是 Windows 系统提供的资源管理工具，可以用它查看本地计算机的所有资源，特别是它提供的树形文件系统结构，让用户可以更清楚、更直观地查看和使用文件和文件夹。资源管理器主要由地址栏、搜索栏、工具栏、导航窗格、资源管理窗格、预览窗格及细节窗格 7 部分组成，如图 2.3 所示。导航窗格能够辅助用户在磁盘、库之间切换；预览窗格是 Windows 7 系统中的一项改进，它在默认情况下不显示，可以单击工具栏右端的“显示/隐藏预览窗格”按钮来显示或隐藏预览窗格；资源管理窗格是用户进行操作的主要地方，用户在此窗格中可进行选择、打开、复制、移动、创建、删除、重命名等操作。根据显示内容的不同，资源管理窗格的上部会显示不同的相关操作。

图 2.3 资源管理器

三、实训案例

1. Windows 7 环境下的鼠标基本操作

① 指向：移动鼠标，将鼠标指针移到操作对象上时，通常会激活对象或显示该对象的有关提示信息。

操作：将鼠标指针移到桌面上的“计算机”图标上，如图 2.4 所示。

② 单击：快速按下鼠标左键并释放，用于选定操作对象。

操作：在“计算机”图标上单击，选中“计算机”，如图 2.5 所示。

③ 单击鼠标右键：快速按下鼠标右键并释放，用于打开相关的快捷菜单。

操作：在“计算机”图标上单击鼠标右键，弹出快捷菜单，如图 2.6 所示。

④ 双击：连续两次快速按鼠标左键，用于打开窗口或启动应用程序。

操作：在“计算机”图标上双击，观察操作系统的反应。

⑤ 拖动：单击操作对象并按住鼠标左键不放，移动鼠标指针到指定位置再释放鼠标左键，用于复制或移动操作对象等。

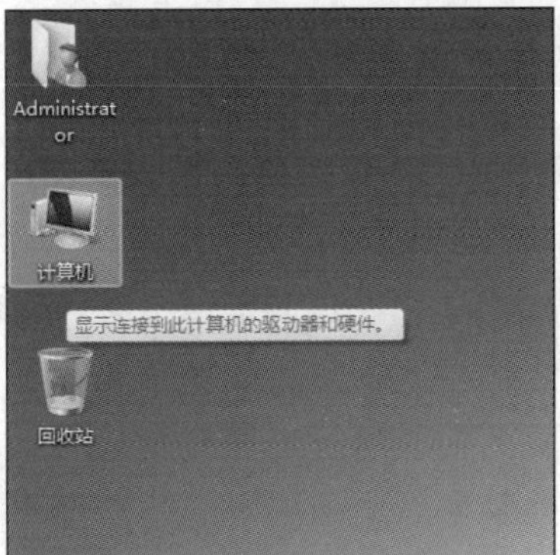

图 2.4 鼠标的指向操作

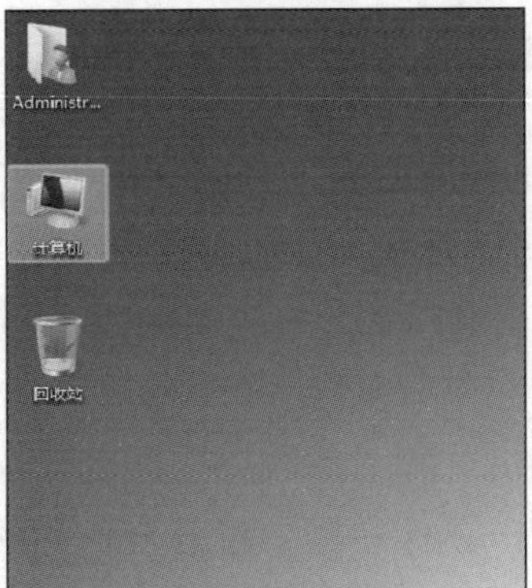

图 2.5 鼠标的单击操作

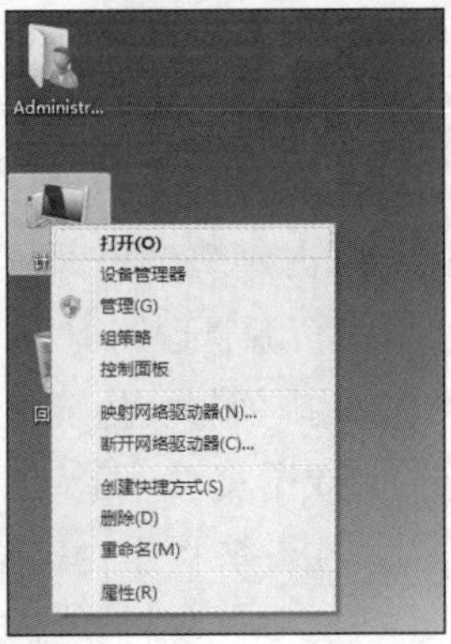

图 2.6 单击鼠标右键的操作

操作：把“计算机”图标拖动到桌面其他位置，如图 2.7 所示。

2. 执行应用程序的方法

方法一：对于 Windows 7 系统自带的应用程序，可通过选择“开始”|“所有程序”选项，再选择相应的命令来执行。

方法二：在“计算机”窗口中找到要执行的应用程序文件并双击（也可以选中之后按<Enter>键；还可用鼠标右键单击应用程序文件，然后选择“打开”命令）。

方法三：双击应用程序对应的快捷方式图标。

方法四：选择“开始”|“运行”命令，在命令行中输入相应的命令后单击“确定”按钮。

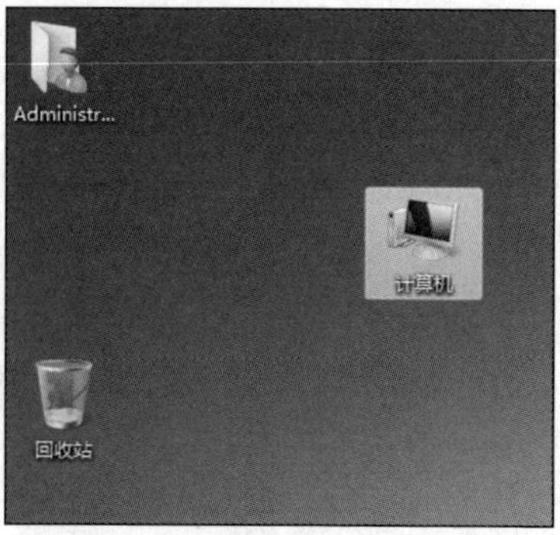

图 2.7　鼠标的拖动操作

3. 启动资源管理器的方法

方法一：双击桌面上的“计算机”图标。

方法二：按<Windows>+<E>组合键。

方法三：用鼠标右键单击“开始”按钮，选择“打开 Windows 资源管理器”命令。

方法四：双击桌面上的“网络”图标。如果桌面上没有“网络”图标，则可以在桌面空白处单击鼠标右键，选择快捷菜单中的“个性化”命令，在之后显示的窗口中选择“更改桌面图标”命令，此时会显示出“桌面图标设置”对话框，选中该对话框中的“网络”复选框后单击“确定”按钮，即可将“网络”图标添加到桌面上。

4. 文件或文件夹的选取

① 选择单个文件或文件夹：单击相应的文件或文件夹图标。

② 选择连续的多个文件或文件夹：单击第一个要选定的文件或文件夹，然后按住<Shift>键的同时单击最后一个文件或文件夹，则它们及它们之间的文件或文件夹就都被选中了。

③ 选择不连续的多个文件或文件夹：按住<Ctrl>键不放，同时单击待选定的文件或文件夹。

5. Windows 7 系统窗口的基本操作

（1）窗口的最小化、最大化、关闭

打开资源管理器窗口，单击窗口右上角的“最小化”按钮，可将资源管理器窗口最小化为任务栏上的一个图标。

打开资源管理器窗口，单击窗口右上角的“最大化”按钮，可将资源管理器窗口最大化，即占满整个桌面，此时“最大化”按钮变为“还原”按钮。

打开资源管理器窗口，单击窗口右上角的“关闭”按钮，可将资源管理器窗口关闭。

（2）排列与切换窗口

① 双击桌面上的“计算机”和“回收站”图标，在桌面上同时打开这两个窗口。

② 在任务栏空白区域单击鼠标右键，打开任务栏的快捷菜单。

③ 选择任务栏快捷菜单中的“层叠窗口”命令，可将所有打开的窗口层叠在一起，如图 2.8 所示。单击某一个窗口的任意位置，可将该窗口显示在其他窗口之前。

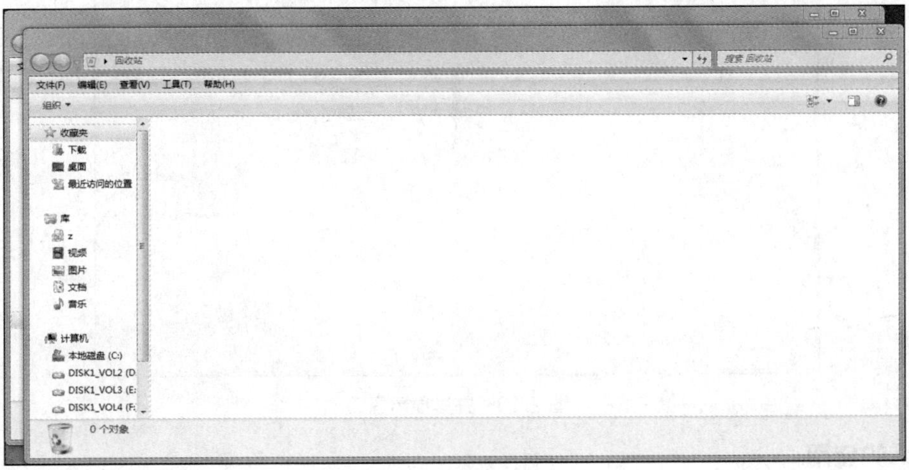

图 2.8　层叠窗口

④ 选择任务栏快捷菜单中的“堆叠显示窗口”命令，可在屏幕上上下平铺所有打开的窗口，用户可以同时看到所有窗口中的内容，如图 2.9 所示。用户可以很方便地在两个窗口之间进行复制和移动文件的操作。

图 2.9　堆叠显示窗口

⑤ 选择任务栏快捷菜单中的“并排显示窗口”命令，可在屏幕上并排显示所有打开的窗口，如图 2.10 所示。如果打开的窗口多于两个，将以多列形式显示。

⑥ 切换窗口。按住<Alt>键后按<Tab>键，屏幕会弹出一个任务框，框中排列着当前打开的各窗口的图标，按住<Alt>键的同时每按一次<Tab>键，就会顺序选中一个窗口图标。选中所需窗口图标后，释放<Alt>键，相应窗口即可被激活为当前窗口。

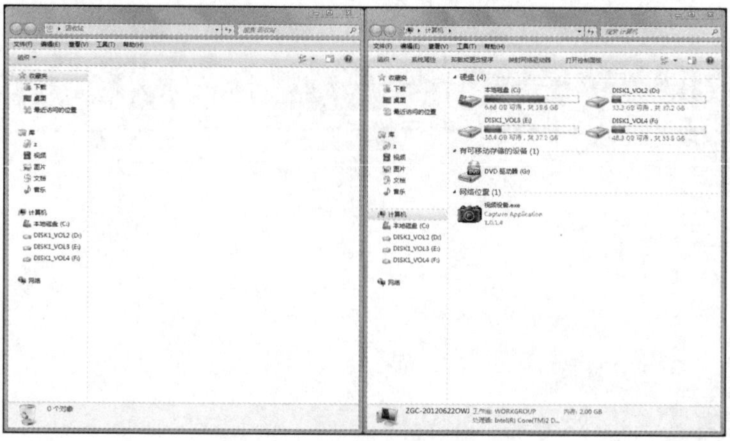

图 2.10　并排显示窗口

6. 库的使用

库是 Windows 7 系统最大的亮点之一，它彻底改变了文件管理方式，从死板的文件夹方式变成了更为灵活和方便的库方式。库可以集中管理视频、文档、音乐、图片和其他文件。在某些方面，库类似于传统的文件夹，但与文件夹不同的是，库可以收集存储在任意位置的文件。

（1）Windows 7 系统中库的组成

Windows 7 系统默认包含视频、图片、文档和音乐 4 个库，用户也可以创建新库。若要创建新库，先打开资源管理器窗口，然后选择导航窗格中的“库”命令，选择工具栏中的“新建库”命令后直接输入库名称即可。

在资源管理器窗口中选中一个库后单击鼠标右键，在弹出的快捷菜单中选择“属性”命令，即可在之后显示的对话框的“库位置”区域看到当前选择的库的默认路径。可以通过该对话框中的“包含文件夹”命令添加新的文件夹到所选库中。

（2）Windows 7 系统中库的添加、删除和重命名

① 添加指定内容到库中。要将某个文件夹的内容添加到指定库中，只需在目标文件夹上单击鼠标右键，在快捷菜单中选择“包含到库中”命令，之后根据需要在子菜单中选择一个库名即可。选择子菜单中的“创建新库”命令可以将所选文件夹内容添加至一个新建的库中，新库的名称与文件夹的名称相同。

② 删除与重命名库。要删除或重命名库，只需在该库上单击鼠标右键，选择快捷菜单中的“删除”或“重命名”命令即可。删除库不会删除原始文件，而是只删除库链接。

7. Windows 系统的帮助和支持功能的使用

① 选择“开始”|“帮助和支持”命令，打开图 2.11 所示的“Windows 帮助和支持”窗口。也可以先打开任意文件夹，然后单击文件夹窗口中的“获取帮助”按钮，打开“Windows 帮助和支持”窗口。

在“搜索帮助”文本框中输入“任务栏”关键字，单击其右侧的“搜索帮助”按钮，搜索关于“任务栏”的信息，在搜索结果中单击其中的“任务栏（概述）”链接。选中其中所有的文本，将其复制到 Word 文档中，保存为“任务栏.doc”，以供后续学习查看。

② 在“搜索帮助”文本框中输入“文件和文件夹”关键字，在搜索结果中单击“使用文件和文件夹”链接，查看其详细内容。

8. “Windows 任务管理器”的使用

① 选择“开始”|“所有程序”|“附件”|“画图”命令，打开“画图”应用程序窗口。用鼠标右键单击任务栏，在弹出的快捷菜单中选择“启动任务管理器”命令，或者按<Ctrl>+<Shift>+<Esc>组合键，均可打开“Windows 任务管理器”窗口，如图 2.12 所示。

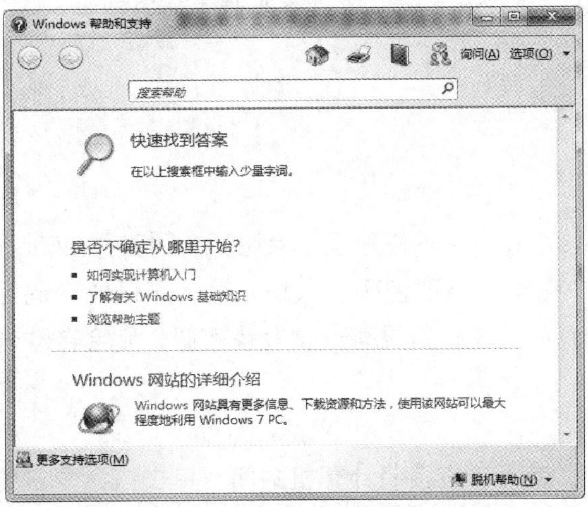

图 2.11 “Windows 帮助和支持”窗口

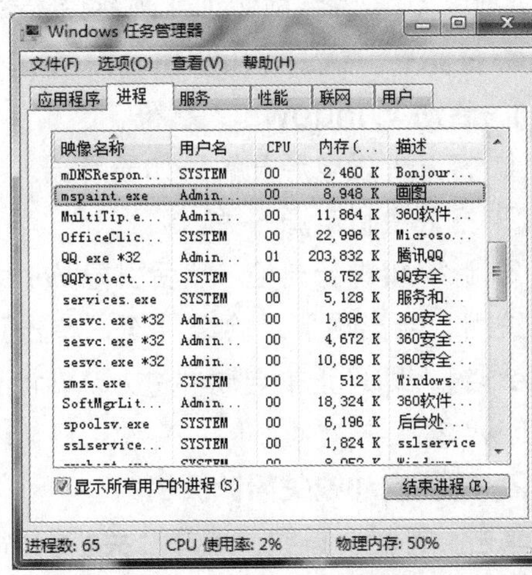

图 2.12 “Windows 任务管理器”窗口

单击“应用程序”选项卡，界面中出现“无标题–画图”应用程序及其他已打开的应用程序。

单击“进程”选项卡，在默认的情况下，“Windows 任务管理器”窗口不显示进程的线程数。若要显示线程数，则在“进程”选项卡中，选择“查看”|“选择列”命令，弹出“选择进程页列”对话框，选中“线程数”复选框，如图 2.13 所示。

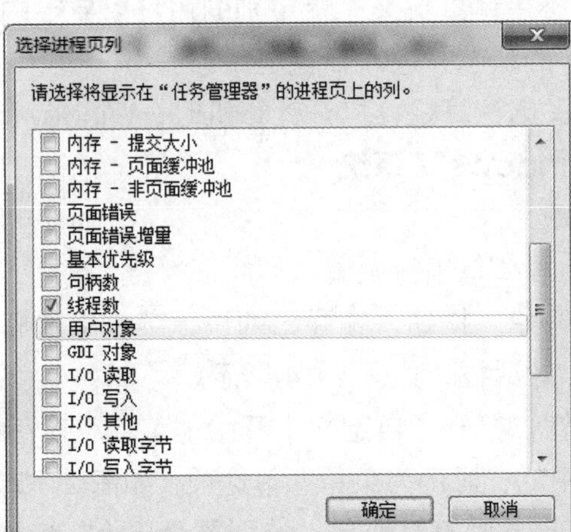

图 2.13 “选择进程页列”对话框

单击“确定”按钮返回“进程”选项卡界面，在窗口的状态栏中将显示系统当前线程数，选择“画图”应用程序，可查看其线程数。

② 在“应用程序”选项卡中选择“无标题-画图”应用程序，然后单击下方的“结束任务”按钮，即可终止“画图”应用程序的运行。

四、实训拓展

按照实训步骤完成实训，观察设置效果，然后将各项设置恢复为原来的设置。

■ 任务一　认识 Windows 7 系统

1. 启动 Windows 7 系统

① 打开外设电源开关，如显示器。

② 打开主机电源开关。

③ 计算机进行自检，然后引导 Windows 7 系统。若设置了登录密码，则引导 Windows 7 系统后，会出现登录验证界面，单击用户账号，出现密码输入框，输入正确的密码后按 <Enter>键，即可正常启动并进入 Windows 7 系统；若没有设置登录密码，则会自动进入 Windows 7 系统。

2. 重新启动或关闭计算机

单击“开始”按钮，选择“关机”命令，就可以直接将计算机关闭。单击该命令右侧的箭头按钮图标 ，则会出现相应的子菜单，其中默认包含以下 6 个命令。

① 切换用户。当存在两个或两个以上用户的时候可通过此按钮进行多用户的切换操作。

② 注销。用来注销当前用户，以备下一个用户使用或防止计算机被其他用户操作。

③ 锁定。锁定当前用户。锁定后需要重新输入密码，认证成功才能正常使用。

④ 重新启动。用户需要重新启动计算机时，应选择“重新启动”命令。系统将结束当前的所有会话，关闭 Windows 7 系统，然后重新启动系统。

⑤ 睡眠。用户短时间不用计算机又不希望别的用户以自己的身份使用计算机时，应选择此命令。系统将保持当前的状态并进入低耗电状态。

⑥ 休眠。保存会话并关闭计算机，打开计算机时，Windows 7 系统会还原会话。

■ 任务二　自定义 Windows 7 系统

1. 自定义“开始”菜单

请按以下步骤对“开始”菜单进行设置。

① 用鼠标右键单击“开始”按钮，在弹出的快捷菜单中选择“属性”命令，打开“任务栏和「开始」菜单属性”对话框，如图 2.14 所示。

② 单击“自定义”按钮，打开“自定义「开始」菜单”对话框。

③ 选中“控制面板”中的“显示为菜单”单选项，如图 2.15 所示，单击“确定”按钮。返回桌面，打开“开始”菜单并观察其变化，特别是“开始”菜单中“控制面板”的子菜单的变化。

④ 再次打开图 2.15 所示的对话框，选中该对话框中滚动条区域底部的“最近使用的项

目”复选框。

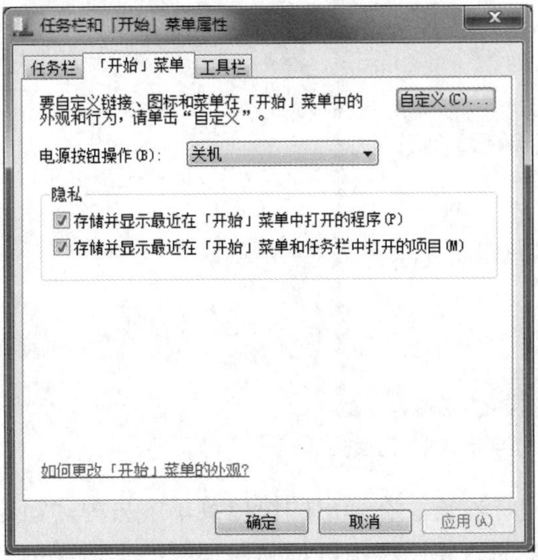

图 2.14　“任务栏和「开始」菜单属性”对话框

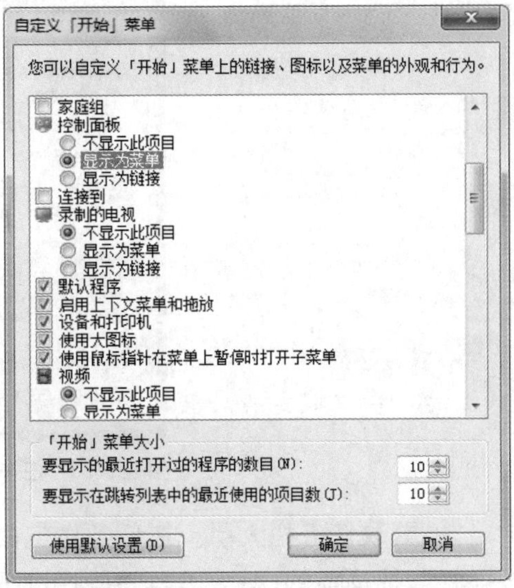

图 2.15　“自定义「开始」菜单”对话框

⑤ 依次单击“确定”按钮。返回桌面，打开“开始”菜单，会发现“开始”菜单中新增了一个“最近使用的项目”的子菜单。

2. 自定义任务栏中的工具栏

请按以下步骤对工具栏进行设置。

① 在任务栏空白处单击鼠标右键，弹出快捷菜单。

② 把鼠标指针移到快捷菜单中的“工具栏”命令上，此时显示出“工具栏”子菜单，如图 2.16 所示。

③ 选择“工具栏”子菜单中的“地址”命令后，观察任务栏的变化。

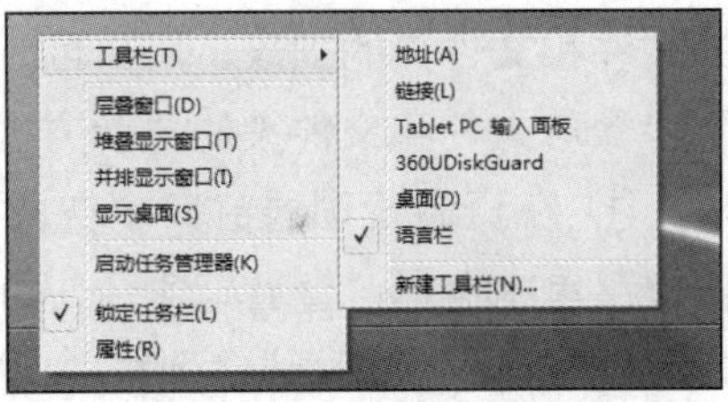

图 2.16　“工具栏”子菜单

3. 自定义任务栏外观

请按以下步骤对任务栏外观进行设置。

① 在任务栏空白处单击鼠标右键，在弹出的快捷菜单中选择“属性”命令，打开“任务栏和「开始」菜单属性”对话框，如图 2.17 所示。

② 在“任务栏外观”区域中，分别有“锁定任务栏”“自动隐藏任务栏”“使用小图标”3 个复选框，更改各个复选框的状态后，单击“确定”按钮返回桌面，观察任务栏的变化。

③ 通过“任务栏外观”区域下方的“屏幕上的任务栏位置”下拉列表中的选项可以更改任务栏在桌面上的位置，如上、下、左或右；通过“任务栏按钮”下拉列表中的选项可以设置任务栏上所显示的窗口图标是否合并及何时合并等。

④ 单击“通知区域”中的“自定义”按钮可以设置显示或隐藏任务栏中通知区域中的图标和通知。通过“使用 Aero Peek 预览桌面”区域中的复选框可以选择是否使用 Aero Peek 预览桌面。

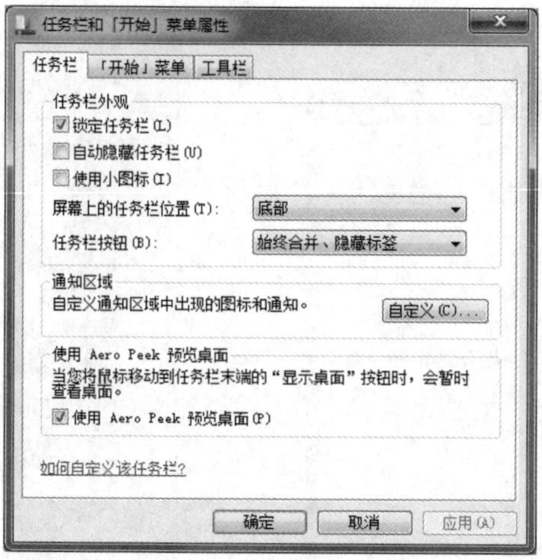

图 2.17　“任务栏和「开始」菜单属性”对话框

⑤ 更改任务栏大小。在任务栏空白处单击鼠标右键，在弹出的快捷菜单中去掉“锁定任务栏”选项前的“√”。当任务栏位于窗口底部时，将鼠标指针指向任务栏的上边缘，当鼠标指针变为双向箭头“↕”时，向上拖动任务栏的上边缘即可改变任务栏的大小。

以上实训内容请同学们自己上机逐步操作、观察结果并加以体会。

■ 任务三　进行文件和文件夹管理

1. 改变文件和文件夹的显示方式

在资源管理器窗口的资源管理窗格中，对于当前选定项目的文件和文件夹的列表，用户可改变它们的显示方式。请按以下步骤对文件和文件夹的显示方式进行设置。

① 在资源管理器窗口中空白处单击鼠标右键，在弹出的快捷菜单中选择“查看”命令，打开“查看”菜单，依次选择“超大图标”“大图标”“列表”“详细信息”“平铺”等命令，观察资源管理窗格中文件和文件夹显示方式的变化。

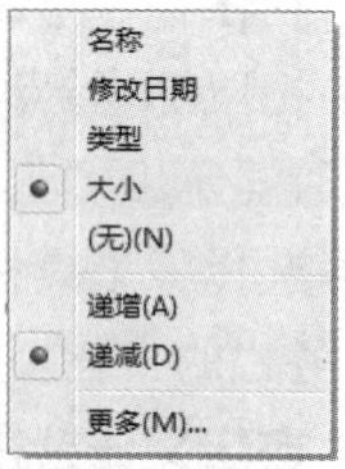

图 2.18　“分组依据”子菜单

② 选择“查看”菜单中的“分组依据”命令，通过之后显示的子菜单可以对资源管理窗格中的文件和文件夹进行分组，如图 2.18 所示。依次选择该子菜单中的命令，观察资源管理窗格中文件和文件夹显示方式的变化。

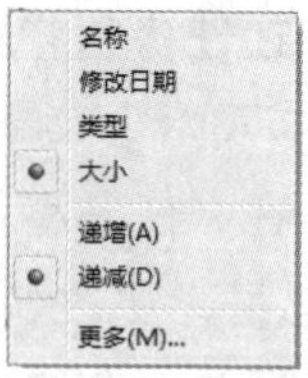

图 2.19　“排序方式”子菜单

③ 选择“查看”菜单中的“排序方式”命令，通过之后显示的子菜单可以对资源管理窗格中的文件和文件夹进行排序，如图 2.19 所示。依次选择该子菜单中的命令，观察资源管理窗格中文件和文件夹顺序的变化。

④ 选择“工具”菜单中的“文件夹选项”命令，打开“文件夹选项”对话框。改变“浏览文件夹”和“打开项目的方式”区域中的单选项的状态，单击“确定”按钮，之后试着打开不同的文件夹和文件，观察显示方式及打开方式的变化。

⑤ 仍然打开“文件夹选项”对话框，单击“查看”选项卡，选中“隐藏已知文件类型的扩展名”复选框，如图 2.20 所示，单击“确定”按钮，观察文件显示方式的变化。

2. 创建文件夹和文件

在 E 盘创建新文件夹并为其创建新文件，步骤如下。

① 打开资源管理器窗口。

② 选择创建新文件夹的位置。在导航窗格中单击 E 盘图标，资源管理窗格中显示 E 盘根目录下的所有文件和文件夹。

③ 创建新文件夹有以下两种方法。

方法一：在资源管理窗格空白处单击鼠标右键，弹出快捷菜单，在快捷菜单中选择“新建”|“文件夹”命令，然后输入文件夹名称“My Folder1”，按<Enter>键完成。

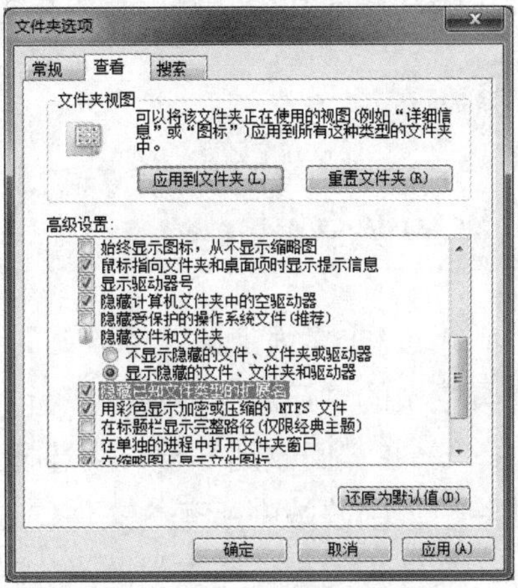

图 2.20 “文件夹选项”对话框

方法二：选择“文件”|“新建”|“文件夹”命令，然后输入文件夹名称“My Folder1”，按<Enter>键完成。

④ 双击新建好的“My Folder1”文件夹，打开该文件夹窗口，在资源管理窗格空白处单击鼠标右键，弹出快捷菜单，在快捷菜单中选择“新建”|“文本文档”命令，然后输入文件名称“My File1”，按<Enter>键完成。

⑤ 使用同样的方法在 E 盘根目录下创建“My Folder2”文件夹，并在“My Folder2”文件夹下创建文本文档“My File2”。

3. 复制、移动文件和文件夹

请按以下步骤练习文件的复制、粘贴、移动等操作。

① 打开资源管理器窗口。

② 找到并进入“My Folder2”文件夹，选中“My File2”文件。

③ 选择“编辑”|“复制”命令，或按<Ctrl>+<C>组合键，或单击鼠标右键后在快捷菜单中选择“复制”命令，此时，“My File2”文件被复制到剪贴板。

④ 进入“My Folder1”文件夹。

⑤ 选择“编辑”|“粘贴”命令，或按<Ctrl>+<V>组合键，或单击鼠标右键后在快捷菜单中选择“粘贴”命令，此时，“My File2”文件被复制到目标文件夹“My Folder1”中。

移动文件的步骤与复制文件基本相同，只需将第③步中的“复制”命令改为“剪切”命令或将<Ctrl>+<C>组合键改为<Ctrl>+<X>组合键即可。

4. 重命名、删除文件和文件夹

请按以下步骤练习文件的重命名和删除操作。

① 打开资源管理器窗口，找到并进入“My Folder1”文件夹，选中“My File2”文件。

② 选择“文件”|“重命名”命令，或单击鼠标右键后在快捷菜单中选择“重命名”命

令，输入“My File3”后按<Enter>键结束。

③ 选中“My File3”文件，选择“文件”|“删除”命令，或者直接按<Delete>键，在弹出的“删除文件”对话框中单击“是”按钮即可删除所选文件。

注意

这种删除文件的方法只是把要删除的文件转移到了“回收站”，如果需要彻底地删除该文件，可在执行删除操作的同时按<Shift>键。

④ 双击桌面上的“回收站”图标，在“回收站”窗口中选中刚才被删除的文件，单击工具栏中的“还原此项目”按钮，该文件即可被还原到原来的位置。

⑤ 在“回收站”窗口中选择工具栏中的“清空回收站”命令，在弹出的对话框中确认删除后，回收站中所有的文件均被彻底删除，无法再还原。

文件夹的操作与文件的操作基本相同，只是文件夹在复制、移动、删除的过程中，文件夹中所包含的所有子文件及子文件夹都将进行相同的操作。

■ 任务四　运行 Windows 7 系统的桌面小工具

1. 打开 Windows 7 系统的桌面小工具

选择“开始”|“所有程序”|“桌面小工具库”命令，即可显示桌面小工具，如图 2.21 所示。

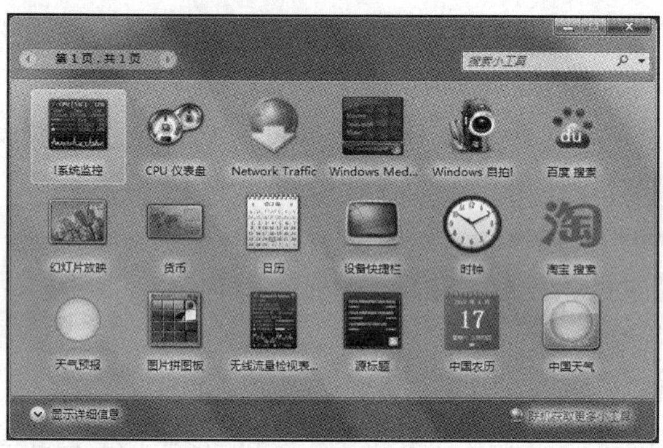

图 2.21　Windows 7 系统的桌面小工具

窗口中显示的是系统提供的小工具，每选中一个小工具，窗口下部都会显示该小工具的相关信息，如果没有显示，单击窗口左下角的“显示详细信息”左侧的按钮即可。选择窗口右下角的“联机获取更多小工具”命令可以连接到 Internet 上下载更多的小工具。

2. 添加小工具到桌面

如果要将小工具“百度 搜索”添加到桌面，只需在图 2.21 中选中“百度 搜索”后单击鼠标右键，选择快捷菜单中的“添加”命令即可。添加成功后该小工具显示在桌面右上角，并且通过其右侧的工具条可以对其进行“关闭”“较大尺寸/较小尺寸”“拖动”操作。

■ 任务五　运行 Windows 7 系统的“画图”应用程序

选择“开始”|“所有程序”|“附件”|“画图”命令，即可运行“画图”应用程序，如

图 2.22 所示。

“主页”选项卡中显示的是主要的绘图工具，包含剪贴板、图像、工具、形状、粗细和颜色功能模块，为用户提供对图片进行编辑和绘制的功能。请同学们依次练习绘图工具的使用方法，注意在画形状时形状轮廓及形状填充的使用方法。

图 2.22 “画图”窗口

■ 任务六 添加和删除输入法

请按以下步骤为 Windows 7 系统添加“简体中文全拼”输入法并删除“简体中文郑码”输入法（如果已安装）。

① 用鼠标右键单击任务栏上的语言栏，弹出语言栏快捷菜单，如图 2.23 所示。

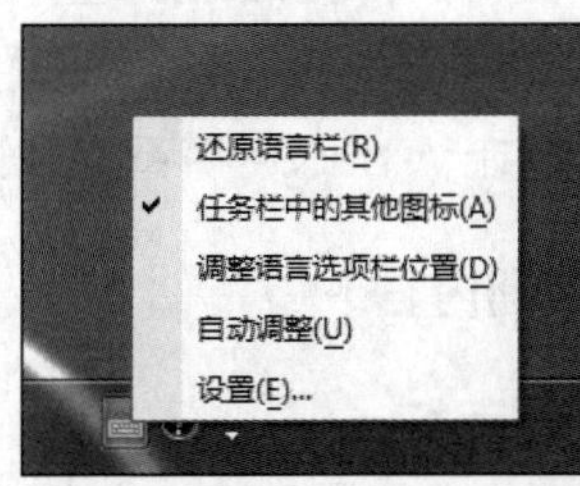

图 2.23 语言栏快捷菜单

② 选择“设置”命令，弹出“文本服务和输入语言”对话框，如图 2.24 所示。

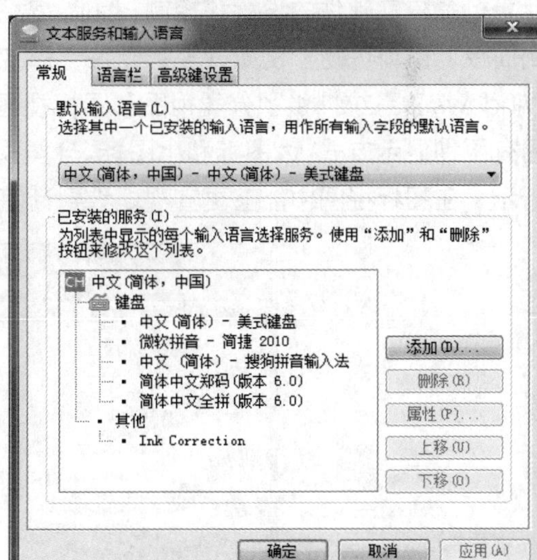

图 2.24 “文本服务和输入语言”对话框

③ 单击“添加”按钮，弹出“添加输入语言”对话框，选中列表框中的“简体中文全拼（版本 6.0）”复选框，依次单击“确定”按钮使设置生效。

④ 单击任务栏中的语言栏图标，可看到新添加的“简体中文全拼（版本 6.0）”输入法。

⑤ 打开图 2.24 所示的“文本服务和输入语言”对话框，选择“已安装的服务”区域中的“简体中文郑码（版本 6.0）”输入法，单击“删除”按钮即可将该输入法删除。

■ 任务七 更改系统日期、时间及时区

请按以下步骤将系统日期设为“2010 年 6 月 30 日”，系统时间设为“10:20:30”，时区设为“(UTC+8:00)吉隆坡，新加坡”。

① 用鼠标右键单击任务栏最右侧的时间，选择快捷菜单中的“调整日期/时间”命令，弹出“日期和时间”对话框。

② 单击“更改日期和时间”按钮，弹出“日期和时间设置”对话框，依次更改年份为“2010”，月份为“6”，日期为“30”，时间为“10:20:30”，依次单击“确定”按钮关闭对话框。

③ 观察任务栏右侧的显示时间，显示时间已经发生改变。

④ 打开“日期和时间”对话框，单击“更改时区”按钮，弹出“时区设置”对话框，在“时区”下拉列表中选择“(UTC+08:00)吉隆坡，新加坡”选项，依次单击“确定”按钮使设置生效。

实训项目二 Windows 7 系统的高级操作

一、实训目的

- 掌握控制面板的使用方法。
- 掌握 Windows 7 系统中外观和个性化设置的基本方法。
- 掌握用户账户管理的基本方法。
- 掌握打印机的安装及设置方法。
- 掌握在 Windows 7 系统中通过磁盘清理和磁盘碎片整理来优化和维护系统的方法。

二、实训内容

1. 控制面板

控制面板（Control Panel）集中了用来配置系统的全部应用程序，它允许用户查看并进行计算机系统软硬件的设置和控制，因此，对系统环境进行调整和设置的时候，一般都要通过“控制面板”窗口进行。例如，添加硬件、添加/删除软件、控制用户账户、外观和个性化设置等。Windows 7 系统提供了分类视图和图标视图两种“控制面板”窗口的显示方式，其中，图标视图有两种显示方式：大图标和小图标。分类视图允许打开父项并对各个子项进行设置，如图 2.25 所示。在图标视图中能够更直观地看到计算机可以采用的各种设置，如图 2.26 所示。

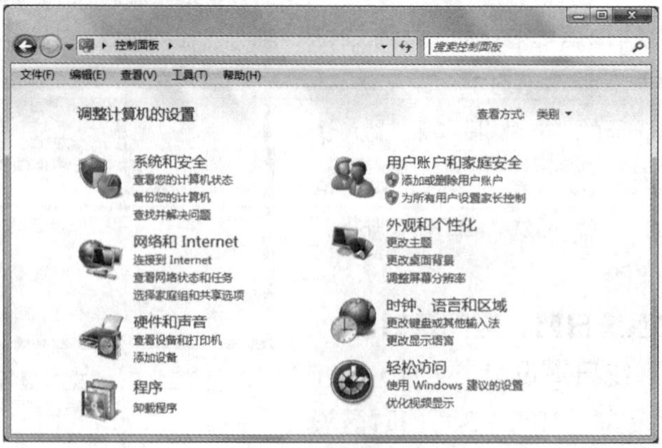

图 2.25　控制面板分类视图界面

图 2.26　控制面板图标视图界面

2. 账户管理

Windows 7 系统支持多用户管理，多个用户可以共享一台计算机，并且可以为每一个用户创建一个用户账户，以及为每一个用户配置独立的用户文件，从而使得每一个用户登录计算机时，都可以进行个性化的环境设置。在“控制面板”窗口中，单击“用户账户和家庭安全”选项，打开相应的窗口，可以实现用户账户、家长控制等管理功能。在“用户账户”窗口中，可以更改当前账户的密码和图片、管理其他账户，也可以添加或删除用户账户。

3. 磁盘管理

磁盘管理是一项使用计算机时的常规任务，它以一组磁盘管理应用程序的形式提供给用户，包括查错程序、磁盘碎片整理程序、磁盘清理程序等。Windows 7 系统中没有提供一个单独的应用程序来管理磁盘，而是将磁盘管理功能集成到“计算机管理”窗口中。用鼠标右键单击桌面的“计算机”图标，在弹出的快捷菜单中选择“管理”命令即可打开“计算机管理”窗口，选择“存储”中的“磁盘管理”命令，将打开“磁盘管理”窗口。利用磁盘管理工具可以清晰地列出所有磁盘的情况，并对各个磁盘分区进行管理操作。

三、实训案例

1. 设置控制面板视图方式

对于 Windows 7 系统中“控制面板”窗口的图标，用户可以以分类视图或图标视图两种方式查看。单击“开始”按钮，在“开始”菜单中选择“控制面板”命令，打开“控制面板”窗口。选择窗口中“查看方式”旁边下拉列表中的命令可以在类别视图、大图标视图和小图标视图之间进行切换。

2. 外观和个性化设置（以类别视图为例）

请按以下步骤对 Windows 7 系统进行外观及个性化设置。

① 在“控制面板”窗口中单击“外观和个性化”选项，打开“外观和个性化”窗口。

② 单击“个性化”中的“更改主题”选项，在之后显示的主题列表中选择不同的主题后观察桌面及窗口等的变化。

③ 单击“个性化”中的“更改桌面背景”选项，在之后显示的图片列表中选择一张图片，并在“图片位置”下拉列表中选择“居中”选项，单击“保存修改”按钮，观察桌面的变化。

④ 单击“个性化”中的“更改屏幕保护程序”选项，弹出“屏幕保护程序设置”对话框，如图 2.27 所示。选择“屏幕保护程序”区域下拉列表中的“三维文字”选项，单击“设置”按钮，弹出“三维文字设置”对话框，如图 2.28 所示。在“自定义文字”文本框中输入“欢迎使用 Windows 7”，设置“旋转类型”为“摇摆式”，单击“确定”按钮返回“屏幕保护程序设置”对话框，即可在预览区看到屏保效果；若要全屏预览，单击“预览”按钮即可。若要保存此设置，单击“确定”按钮。

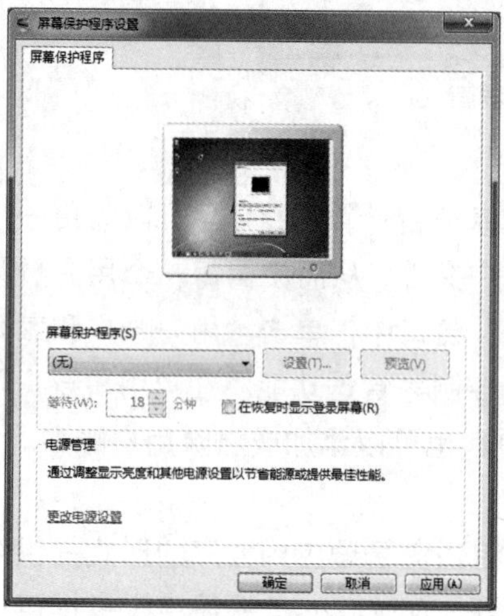

图 2.27 “屏幕保护程序设置”对话框

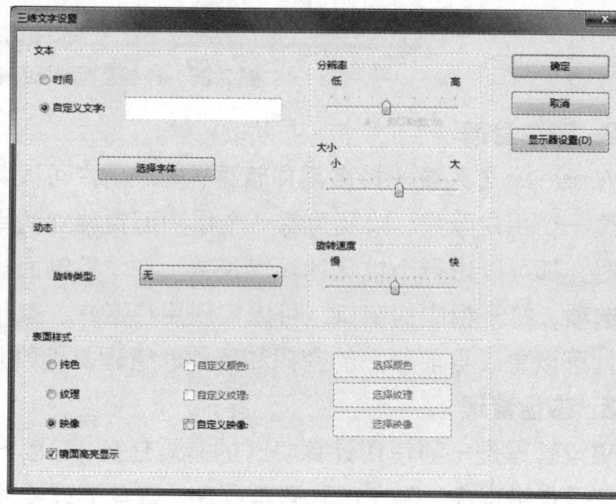

图 2.28 “三维文字设置”对话框

3. 查看系统信息

用鼠标右键单击桌面上的“计算机”图标，在弹出的快捷菜单中选择“属性”命令，打开“系统”窗口，如图 2.29 所示，在其中可查看系统信息。

图 2.29 “系统”窗口

四、实训拓展

按照实训步骤完成实训，观察设置效果后，恢复为原来的设置。

■ 任务一　设置 Windows 7 系统的个性化外观

1. 更改桌面背景（图片任意），并以拉伸方式显示

在桌面空白处单击鼠标右键，在弹出的快捷菜单中选择“个性化”命令，打开“个性化”窗口，选择窗口下方的“桌面背景”图标，打开图 2.30 所示的“桌面背景”窗口。直接在图片列表中选取一张图片并在“图片位置”下拉列表中选择“拉伸”选项，单击“保存修改”按钮即可。

如果要将多张图片设为桌面背景，在图 2.30 所示的窗口中按<Ctrl>键，再依次选取多张图片，在“图片位置”下拉列表中选择“拉伸”选项，并在“更改图片时间间隔”下拉列表中更改时间间隔，如果希望多张图片无序播放，选中“无序播放”复选框，单击“保存修改”按钮使设置生效，返回桌面观察效果。

图 2.30　“桌面背景”窗口

2. 更改窗口边框、“开始”菜单和任务栏的颜色为深红色，并启用透明效果

① 在“控制面板”窗口中单击“外观和个性化”选项，打开“外观和个性化”窗口。

② 单击“个性化”中的“更改半透明窗口颜色”选项，在之后显示的颜色图标中单击“深红色”选项并选中“启用透明效果”复选框。

③ 单击“保存修改”按钮后观察窗口边框、“开始”菜单及任务栏的变化。

3. 设置活动窗口标题栏的颜色为黑、白双色，字体为华文新魏，字号为 12，颜色为红色

① 在“控制面板”窗口中单击“外观和个性化”选项，打开“外观和个性化”窗口。

② 单击“个性化”中的“更改半透明窗口颜色”选项，在之后显示的窗口中单击“高

级外观设置”，弹出“窗口颜色和外观”对话框，如图 2.31 所示。

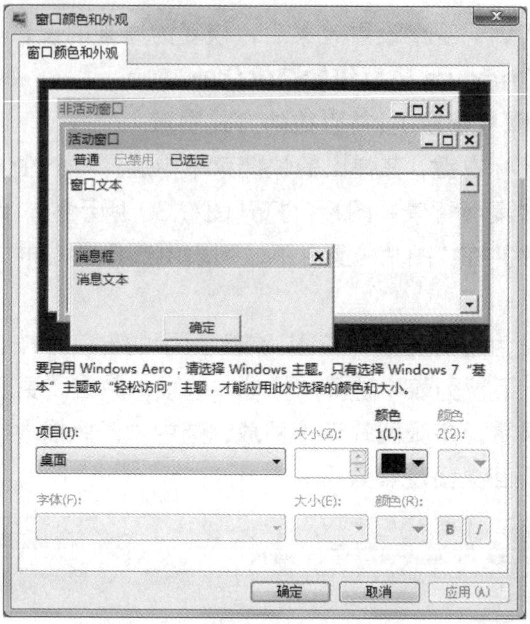

图 2.31 “窗口颜色和外观”对话框

③ 在“项目”下拉列表中选择“活动窗口标题栏”选项，“颜色 1”设置为“黑色”，“颜色 2”设置为“白色”。

④ 在“字体”下拉列表中选择“华文新魏”选项，“大小”设置为“12”。

⑤ 单击“确定”按钮后观察活动窗口的变化。

■ 任务二 设置显示鼠标指针的轨迹并设为最长

① 在“控制面板”窗口中单击“硬件和声音”选项，打开“硬件和声音”窗口。

② 单击“设备和打印机”中的“鼠标”选项，打开“鼠标 属性”对话框，单击“指针选项”选项卡，在“可见性”区域中，选中“显示指针轨迹”复选框并拖动滑块至最右边，如图 2.32 所示。

图 2.32 “鼠标 属性”对话框

③ 单击“确定”按钮。

■ 任务三 添加新用户“user1”，密码设置为“123456789”（只有系统管理员才有管理用户账户的权限）

① 在“控制面板”窗口中单击“用户账户和家庭安全”中的“添加或删除用户账户”选项，打开“管理账户”窗口。

② 单击“创建一个新账户”选项，在之后显示的窗口中输入新账户的名称“user1”，使用系统推荐的账户类型，即选择“标准用户”单选按钮，如图 2.33 所示。

③ 单击“创建账户”按钮后返回“管理账户”窗口。

④ 单击账户列表中新建的账户“user1”，在之后显示的窗口中单击“创建密码”选项，显示“创建密码”窗口，如图 2.34 所示。

⑤ 分别在“新密码”和“确认新密码”文本框中输入“123456789”，单击“创建密码”按钮。

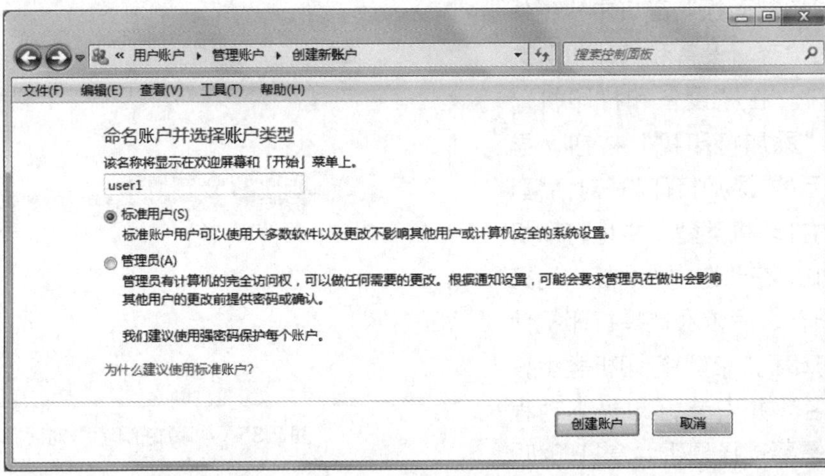

图 2.33 “创建新账户”窗口

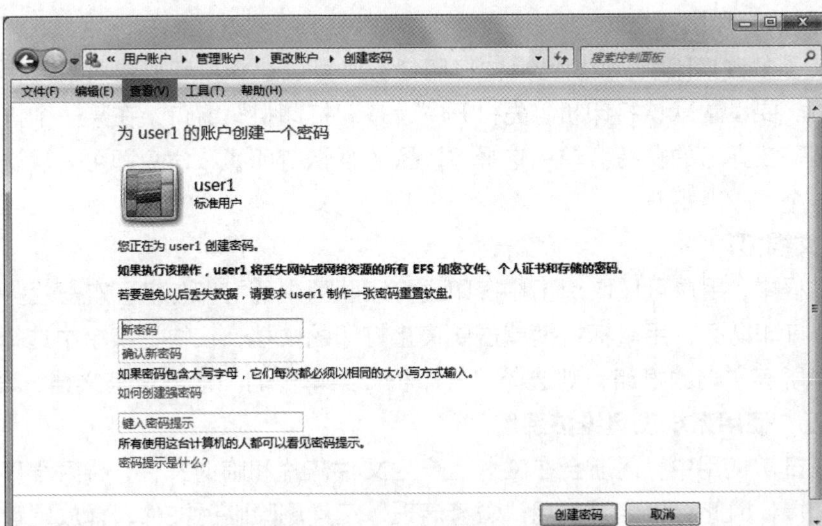

图 2.34 “创建密码”窗口

设置完成后，打开“开始”菜单，将鼠标指针移动到“关机”命令旁的箭头按钮上并单击，在弹出的菜单中选择“切换用户”命令，则显示系统登录界面，此时已可以看到新增加的账户“user1”，单击选择该账户后输入密码就可以以新的用户身份登录系统。

在“管理账户”窗口选择一个账户后，还可以使用“更改账户名称”“更改密码”“更改图片”“更改账户类型”“删除账户”等功能对所选账户进行管理。

■ 任务四　打印机的安装及设置

1. 安装打印机

先将打印机的数据线连接到计算机的相应端口上，接通电源打开打印机，然后打开计算机的“开始”菜单，选择“设备和打印机”命令，打开“设备和打印机”窗口；也可以单击“控制面板”窗口中“硬件和声音”中的“查看设备和打印机”选项打开该窗口。在“设备和打印机”窗口中单击“添加打印机”按钮，显示图 2.35 所示的“添加打印机”对话框。选择要安装的打印机类型（本地打印机或网络打印机），在此选中“添加本地打印机”单选项，之后依次选择打印机使用的端口、打印机厂商和打印机类型，确定打印机名称并安装打印机驱动程序，最后根据需要选择是否共享打印机，即可完成打印机的安装。安装完毕后，“设备和打印机”窗口中会出现相应的打印机图标。

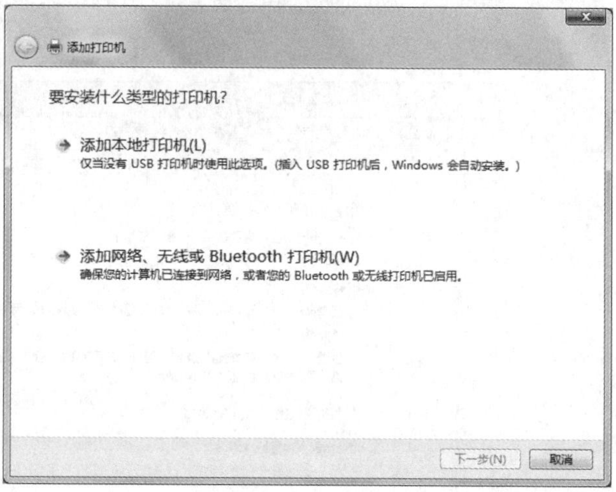

图 2.35　“添加打印机”对话框

2. 设置默认打印机

如果安装了多台打印机，在执行具体打印任务时可以选择打印机或将某一台打印机设置为默认打印机。要设置默认打印机，先打开“设备和打印机”窗口，在某一个打印机图标上单击鼠标右键，在弹出的快捷菜单中选择“设置为默认打印机”命令即可。默认打印机的图标左下角有一个“√”标识。

3. 取消文档打印

在打印过程中，用户可以取消正在打印或打印队列中的打印任务。双击任务栏中的打印机图标，打开打印队列，用鼠标右键单击要停止打印的文档，在快捷菜单中选择“取消”命令。若要取消所有文档的打印，则选择“打印机”菜单中的“取消所有文档”命令。

■ 任务五　使用系统工具维护系统

计算机在日常使用中，逐渐会在磁盘上产生文件碎片和临时文件，导致程序运行、文件打开的速度变慢，因此可以定期使用“磁盘清理”工具删除临时文件，释放硬盘空间；使用“磁盘碎片整理程序”工具整理文件存储位置，合并可用空间，提高系统性能。

1. 磁盘清理

① 选择“开始”|“所有程序”|“附件”|“系统工具”|“磁盘清理”命令，打开“磁盘清理:驱动器选择”对话框。

② 选择要进行清理的驱动器，在此使用默认选择“(C:)”。

③ 单击“确定”按钮，会打开一个带进度条的计算 C 盘上释放空间大小的对话框，如图 2.36 所示。

④ 计算完毕则会弹出“(C:)的磁盘清理”对话框，如图 2.37 所示，其中显示系统清理出的建议删除的文件及其所占磁盘空间的大小。

⑤ 在“要删除的文件”列表框中选中要删除的文件，单击“确定”按钮，在之后弹出的“磁盘清理”确认删除对话框中单击“删除文件”按钮，弹出“磁盘清理”对话框，清理完毕后该对话框自动消失。

依次对 C、D、E 盘进行清理，注意观察并记录清理磁盘时获得的空间总数。

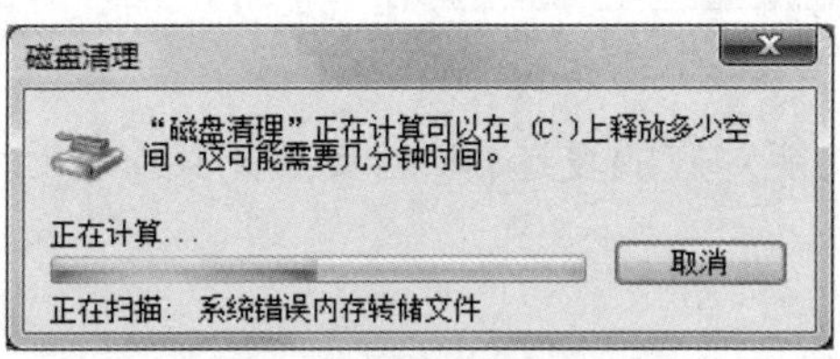

图 2.36　“磁盘清理”对话框

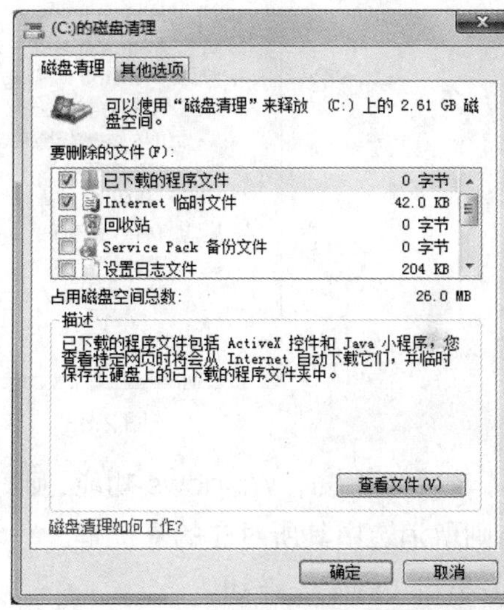

图 2.37　“(C:)的磁盘清理”对话框

2. 磁盘碎片整理程序

进行磁盘碎片整理之前，应把所有打开的应用程序都关闭，因为一些应用程序在运行的过程中可能要反复读取磁盘数据，影响磁盘碎片整理程序的正常工作。

① 选择“开始”|“所有程序”|“附件”|“系统工具”|“磁盘碎片整理程序”命令，打开“磁盘碎片整理程序”对话框。

② 选择磁盘驱动器后单击“分析磁盘”按钮，进行磁盘分析。

③ 分析完后，可以根据分析结果选择是否进行磁盘碎片整理。如果“上一次运行时间”列中显示检查磁盘碎片的百分比超过了10%，则应该进行磁盘碎片整理，只需单击“磁盘碎片整理”按钮即可。

■ 任务六　打开和关闭 Windows 功能

Windows 7 系统附带的某些程序和功能（如 Internet 信息服务），必须在使用之前将其打开，不再使用时则可以将其关闭。在 Windows 系统的早期版本中，若要关闭某个功能，必须从计算机上将其完全卸载。在 Windows 7 系统中，关闭某个功能时不会将其卸载，仍会将其存储在硬盘上，以便需要时可以直接将其打开。

① 选择“开始”|“控制面板”命令，打开“控制面板”窗口。

② 选择“程序”选项，在之后显示的窗口中单击“程序和功能”中的“打开或关闭Windows功能”选项，显示图 2.38 所示的“Windows 功能”对话框。

图 2.38　“Windows 功能”对话框

③ 若要打开某个 Windows 功能，则选中该功能对应的复选框；若要关闭某个 Windows 功能，则取消选中其所对应的复选框。

④ 单击“确定”按钮。

第 3 章 Word 2016文字处理

03

实训项目一 文档的创建与排版

一、实训目的

- 熟练掌握 Word 2016 的启动与退出方法，认识 Word 2016 窗口的构成。
- 熟练掌握操作 Word 2016 选项卡、功能区、组和对话框的方法。
- 熟练掌握利用 Word 2016 建立、保存、关闭和打开文档的方法。
- 熟练掌握输入文本的方法。
- 熟练掌握文本的基本编辑方法及设定文档格式的方法，包括光标的定位，以及文本的输入、选择、插入、删除、移动、复制、查找和替换、撤销与恢复等操作。
- 掌握文档的不同视图显示方式。
- 熟练掌握字符格式的设置，包括选择字体、字形与字号，以及设置字体颜色、下画线、删除线等。
- 熟练掌握段落格式的设置方法，包括对文本的字间距、段落对齐、段落缩进、段落间距等进行设置的方法。
- 熟练掌握首字下沉、边框和底纹等特殊格式的设置方法。
- 掌握格式刷和样式的使用方法。
- 掌握项目符号和编号的使用方法。
- 掌握利用模板建立文档的方法。

二、实训内容

1. 基本知识

Word 2016 是 Microsoft Office 办公系列软件之一，是目前办公自动化中非常流行、全面支持简繁体中文、功能更加强大的新一代综合排版工具软件。

Word 2016 的用户界面仍然采用丝带（Ribbon）界面风格，包括可智能显示相关命令的 Ribbon 面板，但是 Word 2016 中采用“文件”按钮取代了 Word 2007 中的“Office”按钮。

Office Word 2016 集编辑、排版、打印等功能于一体，并能够同时处理文本、图形和表格，满足各种公文、书信、报告、图表、报表，以及其他文档打印的需要。

2. 基本操作

Word 文档是由 Word 软件编辑的文本。文档编辑是 Word 2016 的基本功能，主要完成创建文档、录入文本、保存文档、选择文本、插入文本、删除文本，以及移动、复制文本等基本操作，并提供了查找和替换功能、撤销与恢复功能。文档被保存时，会生成以“.docx”为默认扩展名的文档。

3. 基本设置

文档编辑完成之后，用户就要对整篇文档进行排版以使文档具有美观的视觉效果，包括字符格式设置、段落格式设置、项目符号与编号设置及分栏设置等。Word 2016 还有一些特殊格式设置，包括首字下沉、给中文加拼音等。

4. 高级操作

（1）格式刷

使用格式刷可以快速地将某文本的格式设置应用到其他文本上，操作步骤如下。

① 选中要复制样式的文本。

② 单击功能区中的“开始”选项卡，单击“剪贴板”组中的“格式刷”按钮，之后将鼠标指针移动到文本编辑区，会看到鼠标指针旁出现一个小刷子图标。

③ 用格式刷扫过（即按住鼠标左键并拖动）需要应用样式的文本即可。

单击“格式刷”按钮，使用一次后格式刷功能会自动关闭。如果需要将某文本的格式连续应用多次，则需双击“格式刷”按钮，之后直接用格式刷扫过不同的文本就可以了。若要结束使用格式刷功能，则再次单击“格式刷”按钮或按<Esc>键即可。

（2）样式与模板

样式与模板是 Word 2016 中非常重要的功能，用户熟练使用这两个功能可以简化格式设置的操作，提高排版的质量和加快排版的速度。

样式是应用于文档中文本、表格等的一组格式特征，可以迅速改变文档的外观。应用样式时，只需执行简单的操作就可以应用一组样式。单击功能区中“开始”选项卡下“样式”组中的样式显示区域右下角的“其他”按钮，出现的下拉列表中会显示可供选择的样式；要对文档中的文本应用样式，先选中这段文本，然后在下拉列表中选择需要使用的样式名称即可；要删除某文本中已经应用的样式，可先将其选中，再选择下拉列表中的“清除格式”命令即可。

如果要快速改变具有某种样式的所有文本，可通过重新定义样式来完成。单击功能区中“开始”选项卡下“样式”组中的样式显示区域右下角的“其他”按钮，在出现的下拉列表中选择“应用样式”命令，在弹出的“应用样式”任务窗格的“样式名”文本框中输入要修改的样式名称，单击“修改”按钮，即可在弹出的对话框中看到该样式的所有内容，通过对话框中“格式”区域的格式设置按钮可以完成对该样式的修改。

Word 2016 提供了很多的模板，有博客文章、书法字帖，以及信函、传真、简历和报告等，利用模板可以快速地创建专业而美观的文档。模板就是一种预先设定好的特殊文档，包含了文档的基本结构和文档设置，如页面设置、字符格式、段落格式等，方便以后重复使用，省去每次都要排版和设置的麻烦。对于某些格式相同或相近文档的排版工作，模板是不可缺少的。Word 2016 模板文件的扩展名为“.dotx”，利用模板创建新文档的方法请参考其他书籍，此处不介绍。

三、实训案例

1. 启动 Word 2016

启动 Word 2016 有多种方法，请思考并实际操作。

2. 认识 Word 2016 的窗口构成

Word 2016 的窗口主要包括标题栏、快速访问工具栏、“文件”按钮、功能区、标尺栏、文档编辑区和状态栏等。

3. 熟悉 Word 2016 中主要选项卡的组成

（1）“开始”选项卡

“开始”选项卡包含剪贴板、字体、段落、样式和编辑五个组，主要作用是帮助用户在 Word 文档中进行文字编辑和格式设置。

（2）“插入”选项卡

“插入”选项卡包含页面、表格、插图、加载项、媒体、链接、批注、页眉和页脚、文本和符号组，主要作用是方便用户在 Word 文档中插入各种元素。

（3）“设计”选项卡

“设计”选项卡包含主题、文档格式和页面背景组，主要作用是方便用户设计 Word 文档格式和编辑 Word 文档背景。

（4）“布局”选项卡

“布局”选项卡包含页面设置、稿纸、段落、排列组，主要作用是为用户提供 Word 文档中的页面样式。

（5）“引用”选项卡

“引用”选项卡包含目录、脚注、信息检索、引文与书目、题注、索引和引文目录组，主要作用是为用户提供插入目录等高级功能应用。

（6）“邮件”选项卡

“邮件”选项卡包含创建、开始邮件合并、编写和插入域、预览结果和完成组，主要作用是专门为用户提供电子邮件合并方面的操作。

（7）“审阅”选项卡

“审阅”选项卡包含校对、辅助功能、语言、中文简繁转换、批注、修订、更改、比较、保护和墨迹组，主要作用是对 Word 文档进行校对和修订等操作。

（8）“视图”选项卡

“视图”选项卡包含视图、深色模式、页面移动、显示、缩放、窗口、宏和 Sharepoint

组，主要作用是可以帮助用户设置 Word 文档操作窗口的视图类型。

4. 文档的建立与文本的编辑

（1）建立新文档

单击“文件”按钮，在打开的“文件”面板中选择“新建”命令，右侧的面板中列出了可用的模板选项及 Office.com 网站所提供的模板选项，根据需要选择合适的模板即可建立新文档。此处选择“空白文档”模板。

（2）文档的输入

在新建的文档中输入实训案例文字，暂且不管字体及格式。输入完毕后将其保存为“D:\AA.docx”。

注意

操作（1）和操作（2）的目的是练习输入文本，如果已经掌握此技能，可直接打开某个已经存在的文件。

实训案例文字如下。

Windows 系统

从 1983 年到 1998 年，美国 Microsoft 公司陆续推出了 Windows 1.0、Windows 2.0、Windows 3.0、Windows 3.1、Windows NT、Windows 95、Windows 98 等系列操作系统。Windows 98 以前版本的操作系统都由于存在某些缺点而很快被淘汰。而 Windows 98 系统提供了更强大的多媒体和网络通信功能，以及更加安全可靠的系统保护措施和控制机制，这些特点使 Windows 98 系统的功能趋于完善。1998 年 8 月，Microsoft 公司推出了 Windows 98 系统的中文版，这个版本当时应用非常广泛。

2000 年，Microsoft 公司推出了 Windows 2000 系统的英文版。Windows 2000 系统也就是改名后的 Windows NT5 系统，Windows 2000 系统具有许多意义深远的新特性。同年，Microsoft 公司又发行了 Windows Me 系统。

2001 年，Microsoft 公司推出了 Windows XP 系统。Windows XP 系统整合了 Windows 2000 系统的强大功能特性，并植入了新的网络单元和安全技术，具有界面时尚、使用便捷、集成度高、安全性好等优点。

2005 年，Microsoft 公司又在 Windows XP 系统的基础上推出了 Windows Vista 系统。Windows Vista 系统仍然保留了 Windows XP 系统整体优良的特性，通过进一步完善，在安全性、可靠性及互动体验等方面更为突出和完善。

Windows 7 系统第一次引入 Life Immersion 概念，即在操作系统中集成许多人性化因素，一切以人为本，同时沿用了 Windows Vista 系统的 Aero（Authentic 代表真实，Energetic 代表动感，Reflective 代表反射性，Open 代表开阔）Peek 界面，提供了高质量的视觉感受，使得桌面更加流畅、稳定。为了满足不同定位用户群体的需要，Windows 7 系统提供了 5 个不同版本：家庭普通版（Home Basic 版）、家庭高级版（Home Premium 版）、商用版（Business 版）、企业版（Enterprise 版）和旗舰版（Ultimate 版）。2009 年 10 月 22 日，Microsoft 公司于美国正式发布 Windows 7 系统。

在快速访问工具栏上有“撤销”与“恢复”按钮，可以把对文件的操作进行按步倒退及前进，请同学们上机进行实际操作并加以体会。

5. 字符格式及段落格式设置

将刚建立的文档“D:\AA.docx”打开并进行以下设置。

① 将第一段文本设置成隶书、二号，居中。

② 将第二段文本设置成宋体、小四、斜体，左对齐，段前和段后各一行的间距。

③ 将第三段文本设置成宋体、小四，行距设为最小值 20 磅。

④ 将第四段文本设置成楷体、小四、加波浪线；左右各缩进两个字符，首行缩进两个字符，1.5 倍行距，段前、段后各 0.5 行的间距。

⑤ 将第五段文本的设置同第三段文本。

⑥ 将第六段文本设置成楷体、小四、加粗。

6. 文字的查找和替换（以刚建立的“D:\AA.docx”文档为例）

（1）查找指定文字“操作系统”

① 打开“D:\AA.docx”文档，并将光标定位到文档首部。

② 单击“开始”选项卡“编辑”组中的“查找”下拉按钮，选择下拉列表中的“高级查找”命令，出现“查找和替换”对话框。

③ 在对话框的“查找内容”文本框中输入“操作系统”。

④ 单击“查找下一处”按钮，将在文档中定位到匹配该查找关键字的位置，并且匹配项以灰底黑字形式显示，表明在文档中找到一个“操作系统”。

⑤ 连续单击“查找下一处”按钮，可相继定位到文档中的其余匹配项，直至出现一个提示已到达文档结尾的对话框，就表明所有的“操作系统”都找出来了。

⑥ 单击“确定”按钮则关闭“查找和替换”对话框，返回到 Word 2016 窗口。

（2）将文档中的“Windows”替换为“WINDOWS”

① 打开“D:\AA.Docx”文档，并将光标定位到文档首部。

② 单击“开始”选项卡“编辑”组中的“替换”按钮，出现“查找和替换”对话框。

③ 在“查找内容”文本框中输入“Windows”，在“替换为”文本框中输入“WINDOWS”。

④ 单击“全部替换”按钮，屏幕上出现一个对话框，报告替换全部完成及替换的文本数量。

⑤ 单击对话框中的“确定”按钮关闭该对话框并返回到“查找和替换”对话框。

⑥ 单击“关闭”按钮关闭“查找和替换”对话框，返回到 Word 2016 窗口，可以看到这时所有的“Windows”都被替换成了“WINDOWS”。

7. 视图显示方式的切换

单击“视图”选项卡中“视图”组里的各种视图按钮，进行各种视图显示方式的切换，并认真观察显示效果。

8. 退出 Word 2016

注意

退出 Word 2016 有多种方法，请同学们进行实际操作并体会。

实训完成后，请正常退出 Word 2016，并认真总结实训过程和所取得的收获。

四、实训拓展

■ 任务一

【原文】

同实训案例中的原文。

【操作要求】

① 将标题的字符格式设置成宋体、三号、加粗，居中，将标题的段前、段后间距设置为一行。

② 将正文中的中文字符格式设置为宋体、五号，西文字符格式设置为 Times New Roman、五号，将正文设为 1.5 倍行距。

③ 为正文的第二至第四段文本添加图 3.1 所示的项目符号。

④ 将正文中添加项目符号的内容的字符格式设为斜体，并为其添加蓝色波浪线型下画线。

⑤ 给正文第一句文本中的“WINDOWS 1.0、WINDOWS 2.0、WINDOWS 3.0、WINDOWS 3.1、WINDOWS NT、WINDOWS 95、WINDOWS 98”添加红色的下画线。

⑥ 将最后一段文本的字符格式设为黑体、加粗。

【样本】

样本如图 3.1 所示。

Windows 系统

从 1983 年到 1998 年，美国 Microsoft 公司陆续推出了 Windows 1.0、Windows 2.0、Windows 3.0、Windows 3.1、Windows NT、Windows 95、Windows 98 等系列操作系统。Windows 98 以前版本的操作系统都由于存在某些缺点而很快被淘汰。而 Windows 98 系统提供了更强大的多媒体和网络通信功能，以及更加安全可靠的系统保护措施和控制机制，这些特点使 Windows 98 系统的功能趋于完善。1998 年 8 月，Microsoft 公司推出了 Windows 98 系统的中文版，这个版本当时应用非常广泛。

2000 年，Microsoft 公司推出了 Windows 2000 系统的英文版。Windows 2000 系统也就是改名后的 Windows NT5 系统，Windows 2000 系统具有许多意义深远的新特性。同年，Microsoft 公司又发行了 Windows Me 系统。

2001 年，Microsoft 公司推出了 Windows XP 系统。Windows XP 系统整合了 Windows 2000 系统的强大功能特性，并植入了新的网络单元和安全技术，具有界面时尚、使用便捷、集成度高、安全性好等优点。

2005 年，Microsoft 公司又在 Windows XP 系统的基础上推出了 Windows Vista 系统。Windows Vista 系统仍然保留了 Windows XP 系统整体优良的特性，通过进一步完善，在安全性、可靠性及互动体验等方面更为突出和完善。

Windows 7 系统第一次引入 Life Immersion 概念，即在操作系统中集成许多人性化因素，一切以人为本，同时沿用了 Windows Vista 系统的 Aero（Authentic 代表真实，Energetic 代表动感，Reflective 代表反射性，Open 代表开阔）Peek 界面，提供了高质量的视觉感受，使得桌面更加流畅、稳定。为了满足不同定位用户群体的需要，Windows 7 系统提供了 5 个不同版本：家庭普通版（Home Basic 版）、家庭高级版（Home Premium 版）、商用版（Business 版）、企业版（Enterprise 版）和旗舰版（Ultimate 版）。2009 年 10 月 22 日，Microsoft 公司于美国正式发布 Windows 7 系统。

图 3.1　任务一样本

■ 任务二

【原文】

被同伴驱逐的蝙蝠

很久以前，鸟类和走兽发生了一点争执，就爆发了战争。并且，双方僵持，各不相让。

有一次，双方交战，鸟类胜利了。蝙蝠突然出现在鸟类的堡垒，“各位，恭喜啊！能将那些粗暴的走兽打败，真是英雄啊！我有翅膀又能飞，所以是鸟的伙伴！请大家多多指教！”

这时，鸟类非常需要新伙伴的加入，以增强实力，所以很欢迎蝙蝠的加入。可是蝙蝠是个胆小鬼，等到战争开始，便不露面，躲在一旁观战。

后来，当走兽战胜鸟类时，走兽高声地唱着胜利的歌。蝙蝠却又突然出现在走兽的营区，“各位恭喜！把鸟类打败！实在太棒了！我是老鼠的同类，也是走兽！请大家多多指教！”走兽也很乐意地将蝙蝠纳入自己的同伴群中。

于是，每当走兽胜利，蝙蝠就加入走兽。每当鸟类胜利，蝙蝠却又成为鸟类的伙伴。最后战争结束了，走兽和鸟类言归于好，双方都知道了蝙蝠的行为。当蝙蝠再度出现在鸟类的堡垒时，鸟类很不客气地对它说：“你不是鸟类！”被鸟类赶出来的蝙蝠只好来到走兽的营区，走兽则说：“你不是走兽！”并赶走了蝙蝠。

最后，蝙蝠只能在黑夜，偷偷地飞着。

【操作要求】

① 将标题文本的字符格式设为华文新魏、二号、加粗，居中，加着重号。

② 将所有正文段落首行缩进两个字符，左右各缩进一个字符，行距设为 1.5 倍。

③ 将第一段文本的字符格式设为宋体、四号、加粗。

④ 将第二段文本的字符格式设为华文新魏、四号、倾斜，分散对齐。

⑤ 将第三段文本的字符格式设为黑体、四号、加粗。

⑥ 用格式刷将第四段文本设为与第三段同样的字符格式，并将字体颜色设为红色。

⑦ 将第五段文本的字符格式设为宋体、四号、倾斜，并将字体颜色设为蓝色。

⑧ 将第六段文本的字符格式设为黑体、小三、红色并加粗，加下画线。

⑨ 为整篇文档加图 3.2 所示的页面边框。

被同伴驱逐的蝙蝠

很久以前，鸟类和走兽发生了一点争执，就爆发了战争。并且，双方僵持，各不相让。

有一次，双方交战，鸟类胜利了。蝙蝠突然出现在鸟类的堡垒，“各位，恭喜啊！能将那些粗暴的走兽打败，真是英雄啊！我有翅膀又能飞，所以是鸟的伙伴！请大家多多指教！”

这时，鸟类非常需要新伙伴的加入，以增强实力，所以很欢迎蝙蝠的加入。可是蝙蝠是个胆小鬼，等到战争开始，便不露面，躲在一旁观战。

后来，当走兽战胜鸟类时，走兽高声地唱着胜利的歌。蝙蝠却又突然出现在走兽的营区，“各位恭喜！把鸟类打败！实在太棒了！我是老鼠的同类，也是走兽！请大家多多指教！”走兽也很乐意地将蝙蝠纳入自己的同伴群中。

于是，每当走兽胜利，蝙蝠就加入走兽。每当鸟类胜利，蝙蝠却又成为鸟类的伙伴。最后战争结束了，走兽和鸟类言归于好，双方都知道了蝙蝠的行为。当蝙蝠再度出现在鸟类的堡垒时，鸟类很不客气地对它说：“你不是鸟类！”被鸟类赶出来的蝙蝠只好来到走兽的营区，走兽则说：“你不是走兽！”并赶走了蝙蝠。

最后，蝙蝠只能在黑夜，偷偷地飞着。

图 3.2 任务二样本

⑩ 在文档的最后输入不少于 3 个你最喜欢的课程的名称，并将其设为宋体、四号，行距为固定值 22 磅，并加图 3.2 所示的项目符号。

⑪ 在 D 盘建立一个以自己名字命名的文件夹，存放自己的 Word 文档，该文档以“自己的名字+1”命名。

【样本】

样本如图 3.2 所示。

实训项目二 表格制作

一、实训目的

- 掌握在 Word 2016 中创建表格和编辑表格的基本方法。
- 掌握在 Word 2016 中设计表格格式的常用方法。
- 掌握在 Word 2016 中美化表格的方法。

二、实训内容

表格具有信息量大、结构严谨、效果直观等优点，使用表格可以简洁有效地将一组相关数据放在同一个正文中，因此，掌握制作表格的操作是十分有必要的。

表格是用于组织数据的工具之一，以行和列的形式简明扼要地表达信息，便于读者阅读。在 Word 2016 中，不仅可以非常方便、快捷地创建一个新表格，还可以对表格进行编辑、修饰等操作，如增加或删除一行（列）或多行（列）、拆分或合并单元格、调整行高（列宽）、设置表格边框、底纹等，以增强其视觉上的美观程度，而且还能对表格中的数据进行排序及简单计算等。

Word 2016 的表格制作功能包括以下几方面。

1. 创建表格

① 插入表格：在文档中创建规则的表格。

② 绘制表格：在文档中创建复杂的不规则表格。

③ 快速插入表格：在文档中快速创建具有一定样式的表格。

2. 编辑与调整表格

① 输入文本：在输入文本的过程中，可以同时修改输入文本的字体、字号、颜色等，这与文档的字符格式设置方法相同，都需要先选中文本再进行设置。

② 调整行高与列宽。

③ 单元格的合并、拆分与删除等。

④ 插入行或列。

⑤ 删除行或列。

⑥ 更改单元格对齐方式：单元格中文本的对齐方式一共有 9 种，默认的对齐方式是靠上左对齐。

⑦ 绘制斜线表头。

3. 美化表格

① 修改表格的框线颜色及线型。

② 为表格添加底纹。

4. 处理表格的数据

① 将表格转换为文本。

② 对表格中的数据进行计算。

③ 对表格中的数据进行排序。

④ 自动套用表格样式。

三、实训案例

1. 创建表格

创建一个 6 行 3 列的表格，按表 3.1 所示输入内容，完成后保存为“D:\biao.docx”。

表 3.1　分公司销售额表

	香港分公司（万元）	北京分公司（万元）
第一季度销售额	435	543
第二季度销售额	567	654
第三季度销售额	675	789
第四季度销售额	765	765
合　计		

表格创建完成后，按以下步骤对表格进行操作。

① 删除表格最后一行。将光标定位到最后一行上，再单击“表格工具-布局”选项卡中“行和列”组的“删除”按钮，在其下拉列表中选择“删除行”命令即可。

② 在最后一行之前插入一行。将光标定位到最后一行上，再单击“表格工具-布局”选项卡中“行和列”组中的“在上方插入”按钮即可。

③ 在第三列的左边插入一列。将光标定位到第三列上，再单击“表格工具-布局”选项卡中“行和列”组中的“在左侧插入”按钮即可。

④ 调整表的行高或列宽。以调整列宽为例，可以把鼠标指针停留到表格的列分界线上，使之变为“←‖→”形状，然后按住鼠标左键不放并左右拖动，使之达到适当位置。调整行高的操作类似，请试着操作并观察结果。

⑤ 绘制表格中的斜线。将光标定位在表格首行的第一个单元格当中，单击“表格工具-设计”选项卡，单击“边框”组的“边框”按钮，在其下拉列表中选择“斜下框线”命令，并在单元格中绘制一条斜线，输入内容后调整对齐方式即可。

⑥ 调整表格在页面中的位置，使之居中显示。将光标定位到表格的任一单元格中，单击“表格工具-布局”选项卡中“表”组的“属性”按钮，打开“表格属性”对话框，在“对齐方式”区域中选择“居中”选项，单击“确定”按钮即可。

请同学们自己设计并绘制复杂的不规则表格，并练习“表格工具–设计”选项卡中“边框”组中的相关命令。

2. 拆分表格

如果要将“D:\biao.docx”文档中表格的最后一行拆分为另一个表，先选中表格的最后一行，单击“表格工具–布局”选项卡“合并”组中的“拆分表格”按钮，可将选中行的内容脱离原表，成为一个新表。请试着完成以上操作并观察结果。

3. 表格的修饰美化（以“D:\biao.docx”文档为例）

（1）修改单元格中文本的对齐方式

如果要将表格第一列文本设置为居中并左对齐（不包括表头），先选中表格第一列中除表头以外的所有单元格，单击功能区的“表格工具–布局”选项卡，单击“对齐方式”组中的“中部两端对齐”按钮即可。请同学们将表格后两列文字设置为右对齐。

（2）修改表格边框

分析：在 Word 文档中，可为表格、段落的四周或任意一边添加边框，也可为文档页面四周或任意一边添加各种边框，包括图片边框。还可为图形对象（包括文本框、自选图形、图片或导入图形）添加边框或框线。在默认情况下，所有的表格边框都为 0.5 磅的黑色单实线。

如果要修改表格中的所有边框，则单击表格中任意位置；如果要修改指定单元格的边框，则需选中这些单元格。之后切换到“表格工具–设计”选项卡，单击“边框”组中的“边框”按钮，选择下拉列表中的“边框和底纹”命令。在弹出的“边框和底纹”对话框中，选择所需的选项，并确认“应用于”下的范围为“表格”后，单击“确定”按钮，即可修改表格的边框。

（3）为表格第一列加底纹

选中表格的第一列并切换到“表格工具–设计”选项卡，单击“表格样式”组中的“底纹”按钮，在其下拉列表中选择所需颜色即可。

（4）自动套用表格样式

分析：在设计了一个表格之后，可方便地套用 Word 2016 中已有的样式，而不必像操作（2）、操作（3）那样修改表格的边框和底纹。

单击表格中的任一单元格后，将鼠标指针移至“表格工具–设计”选项卡中的“表格样式”组内，鼠标指针停留在哪个样式上，就可自动预览该样式应用在表格中的效果，如果对效果满意，单击该样式即可自动套用，操作十分方便。

4. 表格转换

将表格中的第二行至第四行转换成文本的步骤如下。

① 选中表格的第二行至第四行，单击“表格工具–布局”选项卡中“数据”组中的“转换为文本”按钮，弹出“表格转换成文本”对话框。

② 在对话框内选择文本的分隔符为“逗号”，单击“确定”按钮。

实现转换后，请注意观察结果。

用类似的操作可将转换出来的文本再恢复成表格形式。选中需要转换成表格的对象后，单击“插入”选项卡中“表格”组中的“表格”按钮，在其下拉列表中选择“文本转换成表格”命令，在之后弹出的对话框里选择合适的选项即可完成操作。

5. 表格中数据的计算与排序

在 Word 2016 中，可以对表格中的数据进行计算与排序。较为简便的计算方法是在单元格中插入公式。排序要根据需要选择对话框中相应的选项，具体操作请参看配套图书，在此不再详述。请同学们按照书中的例子操作，体会其中的要领。

实训做完后，请正常退出 Word 2016，并认真总结实训过程和所取得的收获。

四、实训拓展

■ 任务一　制作课程表

【操作要求】

设计表 3.2 所示的课程表。

表 3.2　课程表

	星期一	星期二	星期三	星期四	星期五
第一大节					
第二大节					
午休					
第三大节					
第四大节					

表格的内容依照实际情况进行填充，然后进行如下设置。

表格套用“网格表1浅色–着色1”样式，表中文本设为小五号楷体字，对齐方式设为水平居中。表格四周边框线的宽度调整为 1.5 磅，其余表格线的宽度为默认值。

■ 任务二　制作求职简历

【操作要求】

制作一份求职简历，如表 3.3 所示。

表 3.3　求职简历

基本信息：				个 人 照 片
姓　　名：		性　　别：		(贴照片处)
民　　族：		出生年月：		
身　　高：		体　　重：		
户　　籍：		现所在地：		
毕业学校：		学　　历：		
专业名称：		毕业年份：		
工作年限：		职　　称：		
求职意向：				
职位性质：				

续表

职位类别：				
职位名称：				
工作地区：				
待遇要求：				
到职时间：				
技能专长：				
	语言能力：			
教育培训：				
教育经历：	时间	所在学校		学历
工作经历：				
	所在公司：			
	时间范围：			
	公司性质：			
	所属行业：			
	担任职位：			
	工作描述：			
其他信息：				
	自我评价：			
	发展方向：			
	其他要求：			
联系方式：				
	电话：		地址：	

■ 任务三　制作个人简历

【操作要求】

制作一份个人简历，如表 3.4 所示。

表 3.4　个人简历

个人概况：	姓名：张三	性别：男	出生年月：1987 年 11 月
	身体状况：健康	民族：汉	身高：176cm
	专业：机械设计与制造专业		
	学历：本科	政治面貌：党员	
	毕业院校：西北工业大学	通信地址：西北工业大学 333#信箱	
	联系电话：13623109999	邮编：360002	
个人品质：	诚实守信，乐于助人		
座右铭：	活到老，学到老		

续表

受教育情况：	教育背景： 2005—2009 年　西北工业大学　机械设计与制造专业
	主修课程： 工程制图、材料力学、理论力学、机械原理、机械设计、电路理论、模拟电子技术、数字电路、微机原理、机电传动控制、工程材料学、机械制造技术基础
个人能力：	语言能力： ◆ 具有较强的语言表达能力 ◆ 有一定的英语读、写、听能力，获全国大学生英语四级证书
	计算机水平： ◆ 具有良好的计算机应用能力，获全国计算机三级证书
社会实践：	◆ 2005 年任校学生会主席 ◆ 曾参加西北工业大学社会实践“三下乡”活动 ◆ 在校办工厂实习两个月
性格特点：	诚实，自信，有恒心，易于相处。有一定协调组织能力，适应能力强。有较强的责任心和吃苦耐劳精神

实训项目三　图文混排

一、实训目的

- 熟练掌握分页符、分节符的插入与删除方法。
- 熟练掌握设置页眉和页脚的方法。
- 熟练掌握分栏排版的设置方法。
- 熟练掌握页面格式的设置方法。
- 掌握插入脚注、尾注、批注的方法。
- 熟练掌握图片和剪贴画插入、编辑及格式设置的方法。
- 熟练掌握 SmartArt 图形插入、编辑及格式设置的方法。
- 掌握绘制和设置自选图形的基本方法。
- 熟练掌握插入和设置文本框、艺术字的方法。
- 掌握文档打印的相关设置方法。

二、实训内容

在 Word 2016 中，要想使文档很美观，仅编辑和排版操作是不够的，还需要对其进行页面设置。页面设置包括页眉和页脚、纸张大小和方向、页边距、页码等方面的设置，以及为文档添加封面、将文档设置成稿纸的形式。此外，有时还需要在文档的适当位置放置一些图片以增加文档的美观程度。一个图文并茂的文档显然比纯文字的文档更具有吸引力。

设置完成之后，还可以根据需要选择是否将文档打印输出。

1. 版面设计

版面设计是文档格式化过程中一项不可缺少的操作，用户通过它可以对文档进行整体修饰。版面设计的效果要在页面视图模式下才能看见。

在对长文档进行版面设计时，可以根据需要在文档中插入分页符或分节符。如果要为该文档不同的部分进行不同的版面设计（如不同的页眉和页脚、不同的页码等），就要通过插入分节符，将各部分内容分为不同的节，然后再对各部分内容进行版面设计。

2. 页眉和页脚

页眉和页脚是指位于正文每一页的页面顶部或底部的一些描述性文字。页眉和页脚的内容可以是书名、文档标题、日期、文件名、图片、页码等。位于顶部的描述性文字叫页眉，位于底部的描述性文字叫页脚。

插入脚注、尾注或者批注，可以为文档的某些文本内容添加注释以说明该文本的含义和来源。

3. 插入图形、艺术字等

在 Word 文档中插入图片、自选图形、SmartArt 图形、艺术字等能够起到丰富版面、增强阅读效果的作用，还可以用功能区的相关工具对它们进行更改和编辑。

图片是由其他软件创建的图形，包括位图、扫描的图片和照片，以及剪贴画。可以通过“图片工具–格式”选项卡中的按钮对图片进行编辑和更改。如果要使插入图片的效果更加符合我们的需要，就需要对图片进行编辑。对图片的编辑操作主要包括缩放、剪裁、移动、更改亮度和对比度、添加艺术效果、应用图片样式等。Word 2016 的“剪辑库”包含大量的剪贴画，插入这些剪贴画能够增强 Word 文档的阅读效果。

艺术字是指具有特殊艺术效果的装饰性文字，可以使用多种颜色和多种字体，还可以为其设置阴影、发光、三维旋转等效果，并能对显示艺术字的形状设置边框、填充、阴影、发光、三维效果等。

自选图形与艺术字类似，也可以对其设置边框、填充、阴影、发光、三维旋转及文字环绕等效果，还可以将多个自选图形组合形成更复杂的形状。

文本框可以用来存放文本，是一种特殊的图形对象，可以在页面上对其进行位置和大小的调整，并能对其及其中的文本设置边框、填充、阴影、发光、三维旋转等效果。使用文本框可以很方便地将文档内容放置到页面的指定位置，不必受段落格式、页面设置等因素的影响。

4. SmartArt 工具

Word 2016 中的 SmartArt 工具增加了大量新模板，能够帮助用户制作出精美的文档图表对象。使用 SmartArt 工具，可以非常方便地在文档中插入用于演示流程、层次结构、循环或者关系的 SmartArt 图形。

在文档中插入 SmartArt 图形的操作步骤如下。

① 将光标定位到文档中要插入 SmartArt 图形的位置。

② 单击“插入”选项卡中“插图”组中的“SmartArt”按钮，打开“选择 SmartArt 图形”对话框，如图 3.3 所示。

③ 图中左侧列表显示的是 Word 2016 提供的 SmartArt 图形分类，有列表、流程、循环、层次结构、关系等。选择某一种分类，对话框中间会显示出该类别下的所有 SmartArt 图形的图例。单击某一图例，在右侧可以预览对应的 SmartArt 图形，预览图的下方显示了该 SmartArt 图形的文字介绍。在此选择“层次结构”分类下的“组织结构图”。

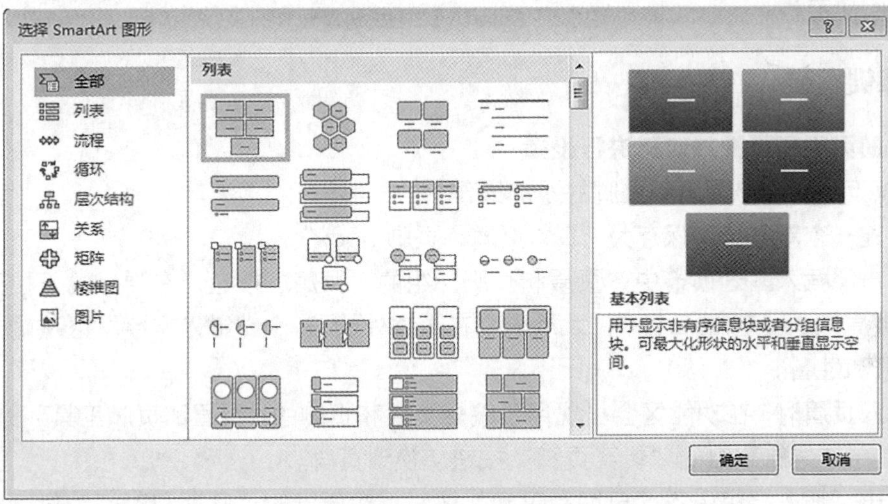

图 3.3 “选择 SmartArt 图形”对话框

④ 单击“确定”按钮，即可在文档中插入图 3.4 所示的显示文本窗格的组织结构图。

插入组织结构图后，可以通过两种方法在其中添加文字。一种是单击图中显示“[文本]”的位置后直接输入文字；另一种是在图左侧的“在此处键入文字”的文本窗格中输入文字。输入的文字按照预先设计的格式显示，当然用户也可以根据自己的需要进行更改。

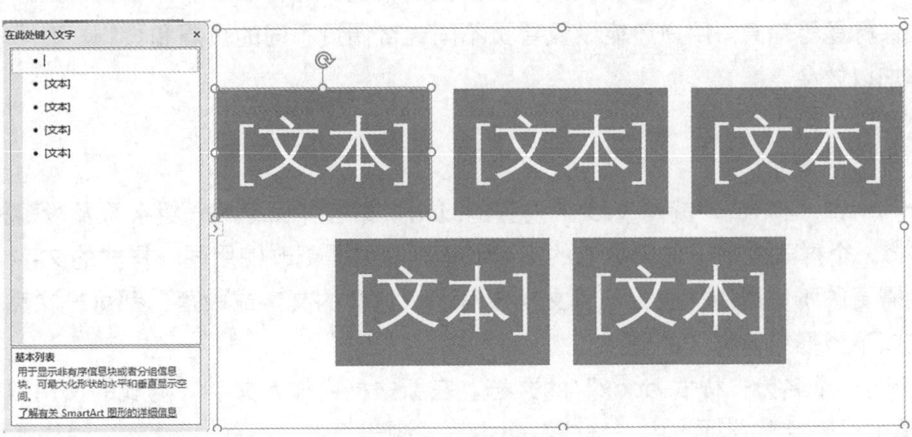

图 3.4 组织结构图

在文档中插入组织结构图后，功能区会显示用于编辑 SmartArt 图形的“SmartArt 工具–设计”和“SmartArt 工具–格式”选项卡，如图 3.5 所示。用户可以通过该选项卡对 SmartArt 图形进行添加新形状、更改大小、布局，以及调整形状样式等操作。

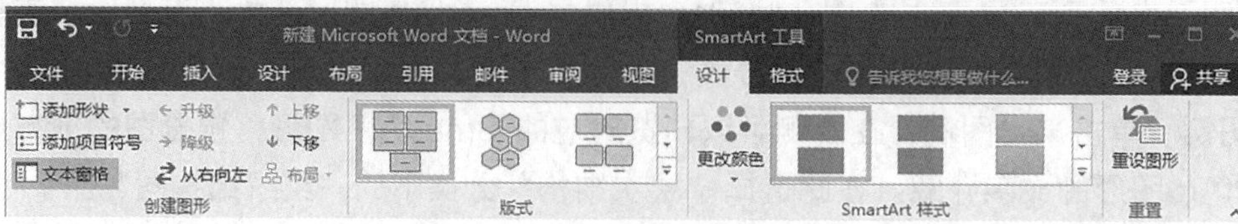

图 3.5　SmartArt 工具的选项卡

三、实训案例

1. 添加页眉和页脚并对其进行设置

请按以下步骤练习页眉和页脚的添加操作。

① 创建一个新文档，保存为“D:\ 页眉和页脚.docx”。

② 单击“插入”选项卡中“页眉和页脚”组的“页眉”按钮，在弹出的下拉列表中选择内置的页眉样式“空白(三栏)”，之后分别在页眉处的 3 个“键入文字”区域输入自己的班级、学号和姓名。

③ 插入页眉时，在功能区会出现用于编辑页眉和页脚的“页眉和页脚工具–设计”选项卡，单击其中“导航”组的“转至页脚”按钮切换到页脚。

④ 单击“插入”组中的“日期和时间”按钮，在弹出的“日期和时间”对话框中选择一种日期和时间格式，并选中对话框右下角的“自动更新”复选框，单击“确定”按钮。

⑤ 完成设置后单击“关闭”组中的“关闭页眉和页脚”按钮关闭页眉和页脚工具。

在设置页眉和页脚的过程中，页眉和页脚的内容会突出显示，而正文中的内容则变为灰色且不可编辑；关闭页眉和页脚工具后则返回文档编辑状态，而页眉和页脚的内容则变为灰色。此外，页眉和页脚中可以显示页码并设置页码格式，还可以显示作者名、文件名、文件大小及文件标题等信息。用户还能设置首页不同或奇偶页不同的页眉和页脚。请同学们上机实际操作加以体会。

2. 样式

（1）样式的使用

分析：所谓“样式”，就是 Word 内置的或用户命名并保存的一组字符及段落格式的组合。可以将一个样式应用于任何数量的文字和段落，如需更改使用同一样式的文字或段落的格式，只需更改所使用的样式，不管文档中有多少这样的文字或段落，都可一次完成。

请按以下步骤练习样式的使用。

① 新建一个名为“样式.docx”的文档，在新文档中输入文字“样式的使用”。

② 单击“开始”选项卡中“样式”组中样式列表框的“标题 1”样式，“样式的使用”几个字的字体、字号、段落格式等将自动变成“标题 1”样式的设置格式。

③ 保存该文档，请注意观察结果。

（2）样式的创建

以样式列表框中的“标题 2”为基准样式，创建一个新的样式，操作步骤如下。

① 将光标定位于“样式的使用”几个字的任意位置。

② 单击“开始”选项卡中“样式”组右下角的对话框启动器，打开“样式”窗格。

③ 单击“样式”窗格左下角的“新建样式”按钮，弹出“根据格式化与创建新样式”对话框。

④ 在“名称”文本框中输入新建样式的名称“10 新建样式 1”，在“样式基准”下拉列表中选择“标题 2”样式，并设置字体为黑体、小三、居中，字体颜色为蓝色，行距为 2 倍。

⑤ 单击“确定”按钮。

设置完成后，观察 Word 2016 窗口，这时可见“10 新建样式 1”已经出现在“样式”组的样式列表框中了，并且“样式的使用”这几个字也已经按照新样式发生了变化。

（3）样式的更改

将样式“10 新建样式 1”的字体由小三号改为一号，由黑体改为宋体，再加上波浪线。实现步骤如下。

① 选中“样式”组中样式列表框的“10 新建样式 1”样式，单击鼠标右键，在弹出的快捷菜单中选择“修改”命令，出现“修改样式”对话框。

② 按照要求对原来的样式进行修改。如果要设置的选项没有在对话框的“格式”区域中显示，可以单击对话框左下角的“格式”按钮，通过选择其下拉列表中的命令来完成设置。

③ 单击“确定”按钮。

设置完成后，返回 Word 2016 窗口，观察“样式的使用”这几个字样式的变化。

3. 拼写和语法

使用 Word 2016 不但可以对英文进行拼写与语法检查，还可以对中文进行拼写和语法检查。这个功能大大降低了文本输入的错误率，使拼写和语法的准确率更高。

为了能够在输入文本时让 Word 2016 自动进行拼写和语法检查，需要进行相关设置。单击“文件”按钮，在打开的“文件”面板中选择“选项”命令，弹出“Word 选项”对话框，选择左侧列表中的“校对”命令，之后选中对话框右侧“在 Word 中更正拼写和语法时”区域中的“键入时检查拼写”和“随拼写检查语法”复选框，单击“确定”按钮。这样，Word 2016 将自动检查文本的拼写和语法。

Word 2016 检查到错误的单词、中文或语法时，就会用红色波浪线标出拼写的错误，用绿色波浪线标出语法的错误。

注意

由于有些单词或词组有其特殊性，如在文档中输入“photoshop”就会认为是错误的，但事实上并非错误，因此，Word 2016 进行拼写和语法检查后给出的错误信息，并不一定错，对于一些特殊的单词或词组仍可视其为正确。

另外，可用手动方式进行拼写和语法检查。单击“审阅”选项卡中“校对”组的“拼写和语法”按钮将打开“拼写检查”对话框，显示 Word 2016 建议替换的内容。可以在选中列表框中的一个替换选项后单击“更改”按钮。若要跳过此次的检查，则可单击“忽略”按钮。如果单击“添加”按钮，则可将当前拼写和语法检查后的错误信息加入词典中，以后检查到这些内容时，Word 2016 都会将其视为正确内容。

实训做完后，请正常退出 Word 2016，并认真总结实训过程和所取得的收获。

四、实训拓展

■ 任务一　在 Word 2016“实训项目一”中“任务二”的基础上完成本任务

【原文】

被同伴驱逐的蝙蝠

很久以前，鸟类和走兽发生了一点争执，就爆发了战争。并且，双方僵持，各不相让。

有一次，双方交战，鸟类胜利了。蝙蝠突然出现在鸟类的堡垒，“各位，恭喜啊！能将那些粗暴的走兽打败，真是英雄啊！我有翅膀又能飞，所以是鸟的伙伴！请大家多多指教！”

这时，鸟类非常需要新伙伴的加入，以增强实力，所以很欢迎蝙蝠的加入。可是蝙蝠是个胆小鬼，等到战争开始，便不露面，躲在一旁观战。

后来，当走兽战胜鸟类时，走兽高声地唱着胜利的歌。蝙蝠却又突然出现在走兽的营区，“各位恭喜！把鸟类打败！实在太棒了！我是老鼠的同类，也是走兽！请大家多多指教！”走兽也很乐意地将蝙蝠纳入自己的同伴群中。

于是，每当走兽胜利，蝙蝠就加入走兽。每当鸟类胜利，蝙蝠却又成为鸟类的伙伴。最后战争结束了，走兽和鸟类言归于好，双方都知道了蝙蝠的行为。当蝙蝠再度出现在鸟类的堡垒时，鸟类很不客气地对它说：“你不是鸟类！”被鸟类赶出来的蝙蝠只好来到走兽的营区，走兽则说：“你不是走兽！”并赶走了蝙蝠。

最后，蝙蝠只能在黑夜，偷偷地飞着。

【操作要求】

① 完成 Word 2016“实训项目一”里“任务二”的操作要求。

② 页面设置：B5 纸，各边距均为 1.8cm，不要装订线。

③ 为第一段文字添加艺术效果，设置浅蓝色轮廓、“外部、居中偏移”阴影，为最后一段文字加拼音。

④ 在页眉处输入自己的姓名、班级、学号，居中显示。在页脚中插入页码，居中显示。

⑤ 将文档中最后 3 行文本替换为以下内容。

- Wingdings 字体里的 ☺ ☪ ☎ 🕒
- Wingdings2 字体里的 ☏ ☛ ◈ ✠

⑥ 插入日期，不带自动更新，并且右对齐。

⑦ 在 D 盘建立一个以自己名字命名的文件夹来存放自己的 Word 文档，该文档以“自己的名字+2”命名。

■ 任务二　制作表格，完成图 3.16 所示效果的编辑排版

【原文】

移轴镜头摄影

相信很多人都会误以为这张图片里面的飞机是一些小模型，实际上，这是一张移轴摄影（Tilt-shift Photography）照片。移轴摄影是一种追求现实与想象为表现形式的拍摄方法，它利用一种特殊的镜头使普通的事物在照片里的影像产生一种独特的效果，致力于传达一种融入真实世界中的虚幻意识，提供了一种介于真实世界和虚幻想象中的强烈视觉效果，让观者更多地觉得是在看一个模型而非真实世界。

用移轴镜头拍摄的北京奥运会现场

移轴摄影镜头

移轴摄影镜头是一种能达到调整所摄影像透视关系或全区域聚焦目的的摄影镜头。

移轴摄影镜头最主要的特点是，可在相机机身和胶片平面位置保持不变的前提下，使整个摄影镜头的主光轴平移、倾斜或旋转，以达到调整所摄影像透视关系或全区域聚焦的目的。移轴摄影镜头的基准清晰像场很大，这是为了确保在摄影镜头主光轴平移、倾斜或旋转后仍能获得清晰的影像。移轴摄影镜头又被称为“TS 镜头”（“TS”是英文“Tilt&Shift”的缩写，即“倾斜和移位”）、“斜拍镜头”和“移位镜头”等。

【操作要求】

制作表格，并编辑排版，得到图 3.6 所示的效果。

其中，要求完成以下设置。

① 标题是艺术字，样式为“渐变填充–蓝色,个性色 1”且居中显示，字体设置为黑体、字号设置为 36 号，环绕方式设置为上下型环绕；正文设置为小四号宋体；每一段文本的首行均有两个汉字的缩进，第一段文本行距设置为多倍行距（1.25 倍），其余行距设置为单倍行距。

② 纸张设置为 A4，上、下、左、右页边距均为 2cm。

③ 为正文中的第一句话设置为“渐变填充–橙色,个性色 6,内部阴影”型文本艺术效果。

④ 部分文字有特殊修饰效果，包括首字下沉并设置为红色；部分文字有着重号、突出显示、边框和底纹等效果，具体设置参考图 3.6 所示。

⑤ 插入两张图片，按图 3.6 来改变其大小和位置，并设置为紧密型环绕。在第二张图片上插入文本框，文本框格式设置为无填充颜色并加入文字，边框样式设置为浅蓝色、1 磅。

图 3.6　样本

⑥ 在页眉处填写自己的院系、专业、班级、姓名、学号，文字为小五号宋体，居中显示；在页脚处插入日期。

⑦ 表格名是艺术字，样式设置为“填充−红色,个性色 2,暖色粗糙棱台”且居中显示，字体格式为黑体、24 号，环绕方式为上下型环绕；表格中文字的格式是宋体、小五，依照文字内容设置单元格对齐方式（如文字内容为左上对齐，则单元格对齐方式设置为靠上左对齐）。表格四周边框线样式设置为 2.25 磅、浅蓝色，其余表格线样式设置为 1.5 磅、紫色。

⑧ 背景设为填充信纸纹理。

第 4 章 Excel 2016电子表格处理

04

实训项目一 工作表的创建与格式编排

一、实训目的

- 掌握 Excel 2016 的基本操作。
- 掌握在 Excel 2016 中输入各种类型数据的方法。
- 掌握数据的修改及编辑工作表的方法与步骤。
- 掌握数据格式化的方法与步骤。
- 掌握对工作簿的操作，包括插入、删除、移动、复制、重命名工作表等。
- 掌握格式化工作表的方法。

二、实训内容

Excel 工作簿中的文字通常指字符或者数字和字符的组合。输入单元格内的任何字符集，只要不被系统解释为数字、公式、日期、时间、逻辑值，那么 Excel 2016 一律将其视为文字。而对于全部由数字组成的字符串，Excel 2016 提供了在它们之前添加“'”的方法来区分“数字字符串”和“数字型数据”。

当建立工作表时，所有的单元格都采用默认的数字格式。当数字的长度超过单元格的宽度时，Excel 2016 将自动使用科学记数法来表示输入的数字。

向工作表中输入数据时，有时可能会输入许多相同的内容，如性别、年份等；有时还会输入一些等差序列或等比序列，如编号等；当然也可以输入自定义的序列。对于输入这些内容的操作，可以选用 Excel 2016 的填充功能来完成，使操作变得简捷。

在制作工作表的过程中，有时需要对工作表进行格式化操作，这样有助于制作出更加醒目和美观的工作表。

1. Excel 2016 的基本信息

① Excel 2016 的主要功能：工作表制作、数据运算、数据管理、建立图表。

② Excel 2016 的启动和退出方法。

③ Excel 2016 的窗口组成：快速访问工具栏、标题栏、功能区、窗口操作按钮、工作簿窗口按钮、名称框、编辑栏、编辑窗口、状态栏、滚动条、工作表标签、视图按钮及显示比例等。

2. Excel 2016 的基本操作

（1）工作簿操作

① 建立新工作簿：启动 Excel 2016 后，选择“文件”|“新建”命令，或者单击快速访问工具栏上的“新建”按钮。

② 打开已有工作簿：如果要对已存在的工作簿进行编辑，就必须先打开该工作簿。选择“文件”|“打开”命令，或者单击快速访问工具栏上的“打开”按钮，在出现的对话框中搜索或选择要打开的工作簿，单击“打开”按钮。

③ 保存工作簿：当完成对一个工作簿的建立、编辑后，就可将工作簿保存起来。若该工作簿已保存过，可直接将工作簿保存起来；若该工作簿未保存过，将会弹出一个“另存为”对话框，以新名称保存工作簿。

④ 关闭工作簿。

（2）选定单元格操作

① 选定单个单元格。

② 选定连续或不连续的单元格区域。

③ 选定行或列。

④ 选定所有单元格。

（3）工作表的操作

① 选定工作表：选定单个工作表、选定多个工作表、选定全部工作表、取消选定工作表。

② 重命名工作表。

③ 移动工作表。

④ 复制工作表。

⑤ 插入工作表。

⑥ 删除工作表。

（4）输入数据

① 文本的输入。

② 数值的输入。

③ 日期和时间的输入。

④ 批注的输入。

⑤ 自动填充数据。

⑥ 自定义序列。

3. 编辑工作表

（1）编辑和清除单元格中的数据

（2）移动和复制单元格

（3）插入单元格、行和列

（4）删除单元格、行和列

（5）进行查找和替换操作

（6）给单元格加批注

（7）命名单元格

（8）编辑工作表的具体操作

① 设定工作表的页数。

② 激活工作表。

③ 拆分与冻结工作表。

4. 格式化工作表

① 设置字符、数字及日期的格式。

② 调整行高和列宽。

③ 设置边框、底纹和颜色。

5. 使用条件格式

使用条件格式可以基于条件更改单元格区域的外观，有助于突出显示所关注的单元格或单元格区域，强调异常值。可以使用数据条、颜色刻度和图标集来直观地显示数据。

① 快速格式化。

② 高级格式化。

6. 套用表格格式

Excel 2016 提供了一些已经制作好的表格格式，用户可以套用这些格式，制作出既美观又专业的工作表。

7. 使用单元格样式

要在一个步骤中应用几种格式，并确保各个单元格格式一致，可以使用单元格样式。单元格样式是一组已定义的格式特征，如字体和字号、数字格式、单元格边框和单元格底纹。

① 应用单元格样式。

② 创建自定义单元格样式。

三、实训案例

① 启动 Excel 2016（启动 Excel 2016 有多种方法，请思考并实际操作一下）。

② 认识 Excel 2016 窗口的构成，主要包括 Excel 2016 功能区、编辑窗口和状态栏等。

③ 熟悉 Excel 2016 中各个选项卡的组成。

④ Excel 工作表的建立与单元格的编辑。建立学生成绩表，如表 4.1 所示。

表 4.1　学生成绩表

姓　　名	课 程 名 称				平 均 成 绩
	高 等 数 学	英　　语	程序设计	汇 编 语 言	
王　涛	89	92	95	96	
李　阳	78	89	84	88	
杨利伟	67	74	83	79	
孙书方	86	87	95	89	
郑鹏腾	53	76	69	76	
徐　巍	69	86	59	77	

建立学生成绩表的操作步骤如下。

（1）建立工作表

① 录入数据。双击工作表标签“Sheet1”，输入新名称“学生成绩表”，将表头、记录等数据输入工作表中。选中 B1:E1 的单元格区域，将这几个单元格合并，用同样的方法将 A1:A2、F1:F2 单元格区域的单元格合并。合并后的工作表如图 4.1 所示。

② 输入标题，设置工作表格式。在工作表的最上方插入一行，将 A1:F1 单元格区域的单元格合并，然后输入标题“学生成绩表”，设置标题字符格式为楷体、蓝色、22、居中。调整该行的高度。

③ 在工作表的最右方加一新列：“总成绩”。

将工作表其余部分调整为图 4.2 所示。

图 4.1　录入数据

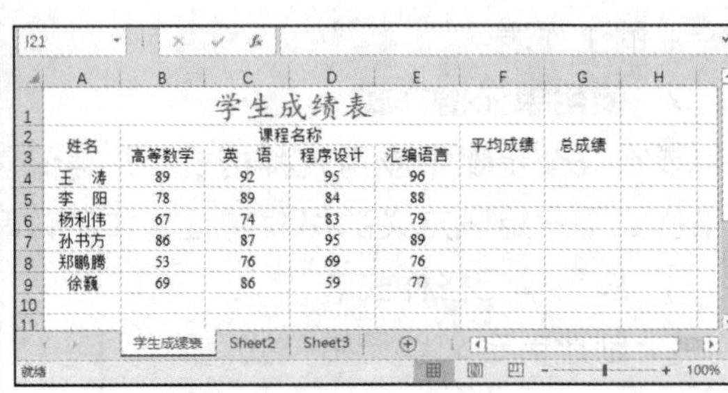

图 4.2　调整格式后的工作表

（2）格式化工作表

给工作表加上合适的框线、底纹，如图 4.3 所示。内框线用细线描绘，外框线用粗线勾出。

（3）使用条件格式

对工作表中不及格的成绩进行突出显示，如图 4.4 所示。

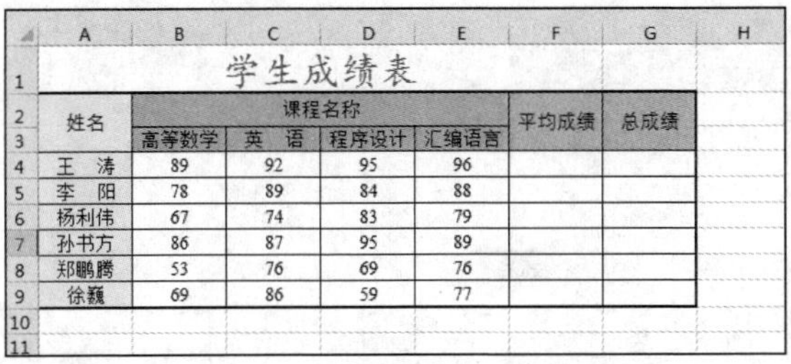

学生成绩表

姓名	课程名称				平均成绩	总成绩
	高等数学	英　语	程序设计	汇编语言		
王　涛	89	92	95	96		
李　阳	78	89	84	88		
杨利伟	67	74	83	79		
孙书方	86	87	95	89		
郑鹏腾	53	76	69	76		
徐巍	69	86	59	77		

图 4.3　格式化后的工作表

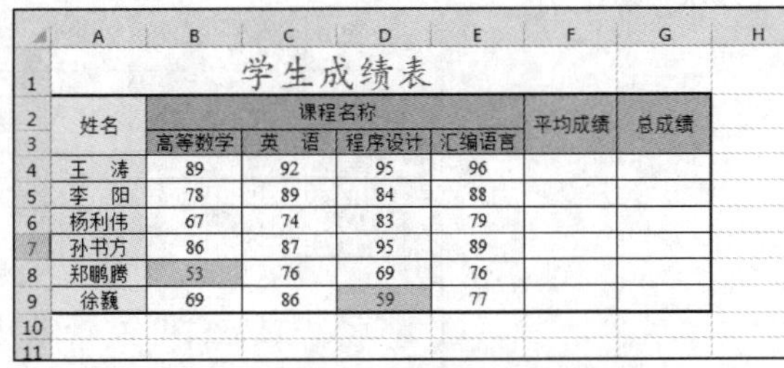

学生成绩表

姓名	课程名称				平均成绩	总成绩
	高等数学	英　语	程序设计	汇编语言		
王　涛	89	92	95	96		
李　阳	78	89	84	88		
杨利伟	67	74	83	79		
孙书方	86	87	95	89		
郑鹏腾	53	76	69	76		
徐巍	69	86	59	77		

图 4.4　使用条件格式后的工作表

（4）套用表格格式

利用 Excel 2016 中提供的套用表格格式功能，选择一种合适的格式对工作表进行美化，如图 4.5 所示。本案例套用的是表格格式中的表样式浅色 17。

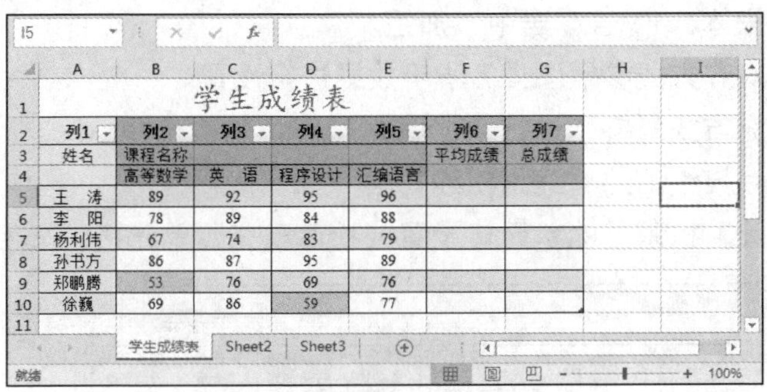

学生成绩表

列1	列2	列3	列4	列5	列6	列7
姓名	课程名称				平均成绩	总成绩
	高等数学	英　语	程序设计	汇编语言		
王　涛	89	92	95	96		
李　阳	78	89	84	88		
杨利伟	67	74	83	79		
孙书方	86	87	95	89		
郑鹏腾	53	76	69	76		
徐巍	69	86	59	77		

图 4.5　套用表格格式后的工作表

实训做完后，请正常退出 Excel 2016，并认真总结实训过程和所取得的收获。

四、实训拓展

■ 任务一　制作图 4.6 所示的工作表并对其进行格式化

【操作要求】

① 标题格式：合并 A1:F1 单元格区域，设置其中文字为楷体、22 号、蓝色、加粗并居中。

② 表头及第一列格式：宋体、11 号、居中、加粗。

③ 所有的数据都设置成居中显示。

④ 不及格分数用粉色底纹和红色字体突出显示。

⑤ 内框线用细线描绘，外框线用粗线勾出（注意使用多种方法，既可以用“开始”选项卡中“字体”组的“框线”下拉列表的框线样式进行设置，也可以用“笔”并选好线型直接绘制）。

⑥ 为工作表套用表格格式，本任务用的是“开始”选项卡的“套用表格格式”下拉列表中浅色第三行第三个格式。

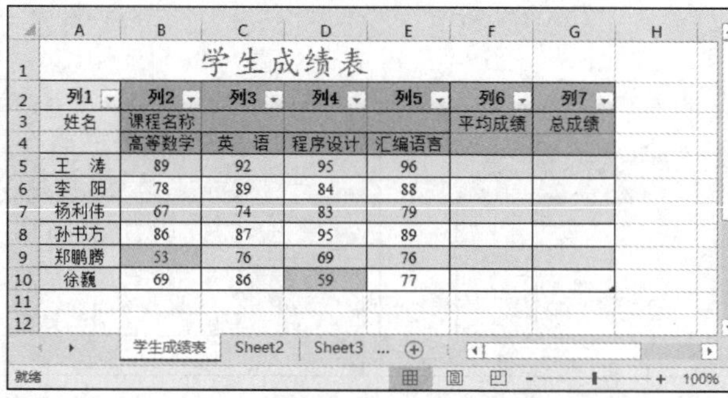

列1	列2	列3	列4	列5	列6	列7
学生成绩表						
姓名	课程名称				平均成绩	总成绩
	高等数学	英 语	程序设计	汇编语言		
王 涛	89	92	95	96		
李 阳	78	89	84	88		
杨利伟	67	74	83	79		
孙书方	86	87	95	89		
郑鹏腾	53	76	69	76		
徐巍	69	86	59	77		

图 4.6　任务一工作表效果图

■ 任务二　制作图 4.7 所示的工作表

【操作要求】

① 标题格式：合并 A1:G1 单元格区域，设置其中文字为宋体、14 号、加粗并居中。

② 表头格式：宋体、11 号、居中、加粗。

③ 所有的数据对齐方式参照图 4.7 所示效果进行设置。

④ 用合适的填充方式对各列进行数据填充。

⑤ 内框线用细线描绘，外框线用粗线勾出。

⑥ 将所有含“计算机系”的单元格设置成粉色填充，单元格中文字字体为红色。

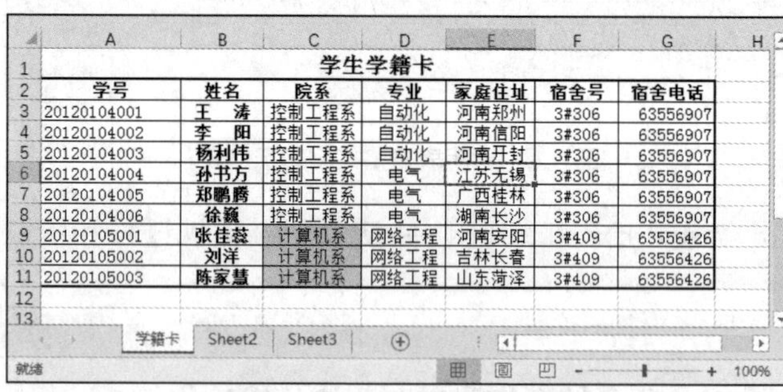

学生学籍卡

学号	姓名	院系	专业	家庭住址	宿舍号	宿舍电话
20120104001	王 涛	控制工程系	自动化	河南郑州	3#306	63556907
20120104002	李 阳	控制工程系	自动化	河南信阳	3#306	63556907
20120104003	杨利伟	控制工程系	自动化	河南开封	3#306	63556907
20120104004	孙书方	控制工程系	电气	江苏无锡	3#306	63556907
20120104005	郑鹏腾	控制工程系	电气	广西桂林	3#306	63556907
20120104006	徐巍	控制工程系	电气	湖南长沙	3#306	63556907
20120105001	张佳蕊	计算机系	网络工程	河南安阳	3#409	63556426
20120105002	刘洋	计算机系	网络工程	吉林长春	3#409	63556426
20120105003	陈家慧	计算机系	网络工程	山东菏泽	3#409	63556426

图 4.7　任务二工作表效果图

实训项目二　公式与函数的应用

一、实训目的

- 掌握单元格相对地址与绝对地址的使用方法。
- 掌握公式的使用方法。
- 掌握常用函数的使用方法。
- 掌握“插入函数”对话框的操作方法。

二、实训内容

在 Excel 2016 中，也会经常用到公式与函数。公式与函数都是以“=”开始的。

1. 单元格引用类型

在公式中可以引用本工作簿或其他工作簿中任何单元格区域的数据。公式中引用的是单元格区域地址，引用后，公式的运算值将随着被引用单元格的地址的变化而变化。

单元格地址根据公式被复制到其他单元格时单元格地址是否改变，单元格引用可分为相对引用、绝对引用和混合引用 3 种类型。单元格引用也可分为以下 3 种类型。

① 同一工作簿同一工作表的单元格引用。

② 同一工作簿不同工作表的单元格引用。

③ 不同工作簿的单元格引用。

2. 公式

① 输入公式：单击要输入公式的单元格，在单元格中首先必须输入一个等号，然后输入所要的公式，最后按<Enter>键。Excel 2016 会自动计算公式表达式的结果，并将结果显示在相应的单元格中。

② 公式的引用：引用分为相对引用、绝对引用和混合引用，另需掌握同一工作簿中不同工作表的单元格引用，以及不同工作簿的单元格引用的方法。

3. 函数

函数实际上是一些预先定义好的特殊公式，函数可以将一些称为参数的数值按特定的顺序或结构进行计算，然后返回一个值。

① 函数的分类：Excel 2016 提供了财务函数、统计函数、日期与时间函数、查找与引用函数、数学和三角函数等共 10 类函数。一个函数包含等号、函数名称、函数参数 3 部分。函数的一般格式为“=函数名(参数)”。

② 函数的输入：函数的输入有两种方法，一种是在单元格中直接输入函数，另一种是使用“插入函数”对话框插入函数。

③ 常用函数：包括 SUM 函数、AVERAGE 函数、MAX 函数、MIN 函数、COUNT 函数、COUNTIF 函数、IF 函数、RANK 函数等。

三、实训案例

制作图 4.8 所示的工作表。

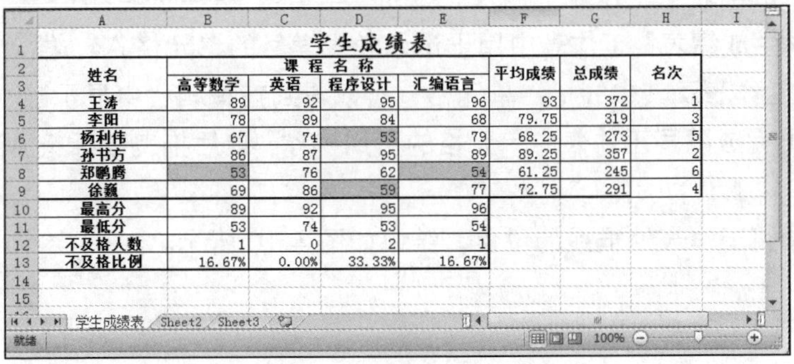

学生成绩表

姓名	课程名称				平均成绩	总成绩	名次
	高等数学	英语	程序设计	汇编语言			
王涛	89	92	95	96	93	372	1
李阳	78	89	84	68	79.75	319	3
杨利伟	67	74	53	79	68.25	273	5
孙书方	86	87	95	89	89.25	357	2
郑鹏腾	53	76	62	54	61.25	245	6
徐巍	69	86	59	77	72.75	291	4
最高分	89	92	95	96			
最低分	53	74	53	54			
不及格人数	1	0	2	1			
不及格比例	16.67%	0.00%	33.33%	16.67%			

图 4.8 实训案例工作表

操作步骤如下。

① 制作标题：在 A1 单元格中输入“学生成绩表”，将其格式设置成楷体、加粗、18 号，然后将 A1:H1 单元格区域合并，并使标题居中。

② 基本内容的输入：输入 A2:A13、B2:E9、F2:H2 各个单元格区域的内容，如图 4.8 所示。注意：其中部分单元格需要合并。

③ 函数的应用。利用函数求得各单元格中所需数据，具体如下所示。

F4 的数据：= AVERAGE(B4:E4)。利用鼠标拖动，可得出 F5:F9 的数据。

G4 的数据：=SUM(B4:E4)。利用鼠标拖动，可得出 G5:G9 的数据。

H4 的数据：=RANK(G4,¥G¥4:¥G¥9)。利用鼠标拖动，可得出 H5:H9 的数据。

B10 的数据：=MAX(B4:B9)。利用鼠标拖动，可得出 C10:E10 的数据。

B11 的数据：=MIN(B4:B9)。利用鼠标拖动，可得出 C11:E11 的数据。

B12 的数据：=COUNTIF(B4:B9,"<60")。利用鼠标拖动，可得出 C12:E12 的数据。

B13 的数据：=B12/COUNT(B4:B9)。利用鼠标拖动，可得出 C13:E13 的数据，并设置比例为百分比形式，且只有两位小数。

④ 给工作表加上相应的边框，并将不及格的成绩突出显示。

实训做完后，请正常退出 Excel 2016，并认真总结实训过程和所取得的收获。

四、实训拓展

■ 任务一

【操作要求】

制作与图 4.8 一样的工作表，要求平均成绩、总成绩、名次、最高分、最低分、不及格人数及不及格比例的内容都用函数完成计算，熟练掌握 SUM 函数、AVERAGE 函数、MAX 函数、MIN 函数、COUNT 函数、COUNTIF 函数、IF 函数及 RANK 函数的使用方法。

■ 任务二

要求掌握同一工作簿不同工作表的单元格引用的方法。

【操作要求】

① 在任务一的工作簿中建立“学籍卡”工作表，如图 4.9 所示。

② 在“学生成绩表”工作表中插入一新列“学号”，并合并 A2:A3 单元格区域。

③ 选定“学生成绩表”工作表中用于记录学生学号的单元格 A4，插入“=”，然后分别单击“学籍卡”工作表及其中的 A2 单元格，可以看到在编辑栏中显示出“=学籍卡!A2”，按<Enter>键即可完成不同工作表中单元格的引用操作，最后拖曳鼠标将 A5:A9 单元格区域自动填充即可。

④ 合理地调整工作表外框线的位置，结果如图 4.10 所示。

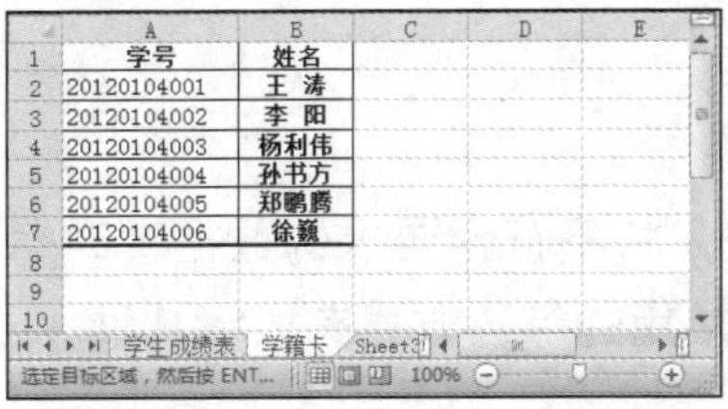

学号	姓名
20120104001	王 涛
20120104002	李 阳
20120104003	杨利伟
20120104004	孙书方
20120104005	郑鹏腾
20120104006	徐巍

图 4.9 “学籍卡”工作表

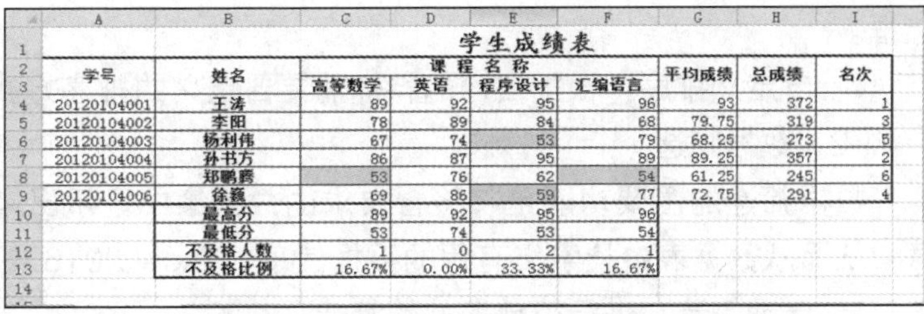

学生成绩表

学号	姓名	课程名称				平均成绩	总成绩	名次
		高等数学	英语	程序设计	汇编语言			
20120104001	王涛	89	92	95	96	93	372	1
20120104002	李阳	78	89	84	68	79.75	319	3
20120104003	杨利伟	67	74	53	79	68.25	273	5
20120104004	孙书方	86	87	95	89	89.25	357	2
20120104005	郑鹏腾	53	76	62	54	61.25	245	6
20120104006	徐巍	69	86	59	77	72.75	291	4
	最高分	89	92	95	96			
	最低分	53	74	53	54			
	不及格人数	1	0	2	1			
	不及格比例	16.67%	0.00%	33.33%	16.67%			

图 4.10 引用“学籍卡”工作表中的单元格

实训项目三 数据分析与图表创建

一、实训目的

- 掌握快速排序、复杂排序及自定义排序的方法。
- 掌握自动筛选、自定义筛选、高级筛选和撤销筛选的方法。
- 掌握分类汇总的方法。
- 掌握合并计算的方法。
- 掌握各种图表，如柱形图、折线图、饼图等的创建方法。
- 掌握图表的编辑及格式化的操作方法。
- 掌握快速突显数据的迷你图的处理方法。
- 掌握 Excel 工作簿的页面设置的方法与步骤。
- 掌握 Excel 工作簿的打印设置及打印方法。

二、实训内容

在 Excel 2016 中，数据清单其实是对数据表的约定称呼，它与数据表一样，是一张二维表，它在工作表中是一片连续且无空行和空列的数据区域。

Excel 2016 支持对数据清单（或数据表）进行编辑、排序、筛选、分类汇总、合并计算和创建数据透视表等各项数据管理操作。

1. 数据管理

Excel 2016 不但具有数据计算的能力，而且提供了强大的数据管理功能。用户可以运用数据的排序、筛选、分类汇总、合并计算和数据透视表等各项处理功能，实现对复杂数据的分析与处理。

（1）数据排序

- 快速排序：按行对单列数据进行升序排列或降序排列。
- 复杂排序：通过设置“排序”对话框中的多个排序条件对数据表中的数据内容进行排序。先按照主关键字排序，对于主关键字相同的记录，则按次要关键字排序，若主关键字和次要关键字都相同，则按第三关键字排序。排序时，如果要排除第一行的标题行，则选中“数据包含标题”复选框；如果数据表没有标题行，则不选中“数据包含标题”复选框。

- 自定义排序：根据自己的特殊需要自定义的排序方式。

（2）数据筛选

数据筛选的主要功能是将符合要求的数据集中显示出来，将不符合要求的数据暂时隐藏，从而从数据表中检索出有用的数据信息。Excel 2016 中常用的筛选方式有以下几种。

- 自动筛选：进行简单条件的筛选。
- 自定义筛选：提供多条件定义的筛选，在筛选数据表时更加灵活，可以筛选出符合条件的数据内容。
- 高级筛选：以用户设定的条件对数据表中的数据进行筛选，可以筛选出同时满足两个或两个以上条件的数据。
- 撤销筛选：单击“数据”选项卡中“排序和筛选”组的“筛选”按钮即可。

（3）分类汇总

在对数据进行排序后，可根据需要进行简单分类汇总和多级分类汇总。

2. 创建与编辑图表

（1）创建图表

为使工作表中的数据关系更加直观，可以将数据以图表的形式表示出来。通过图表可以更加清楚地了解各个数据之间的关系和数据之间的变化情况，方便对数据进行对比和分析。根据数据特征和观察角度的不同，Excel 2016 提供了柱形图、折线图、饼图、条形图、面积图、XY 散点图、股价图、曲面图、雷达图、树状图、旭日图、直方图、箱形图和瀑布图共 14 类图表，每一类图表又有若干个子类型。

在 Excel 2016 中，无论建立哪一种图表，都只需选择图表类型、图表布局和图表样式，便可以很轻松地创建具有专业外观的图表。

（2）编辑图表

① 设置图表的“图表工具–设计”选项卡。

- 图表的数据编辑。
- 数据行/列之间快速切换。
- 选择放置图表的位置。
- 图表类型与样式的快速改换。

② 设置图表的布局。

- 设置图表标题。
- 设置坐标轴标题。
- 在“图表工具–设计”选项卡的“图表布局”组中可以完成图表添加、删除或放置图表图例、数据标签、数据表的操作。
- 设置图表的背景、分析图和属性。

③ 设置图表的“图表工具–格式”选项卡。

（3）快速突显数据的迷你图

Excel 2016 提供了全新的迷你图功能，利用它，仅在一个单元格中便可绘制出简洁、美观的小图表，并且可以将数据中潜在的有价值的信息醒目地呈现出来。

3. 打印工作表

完成对工作表的数据输入、编辑和格式化工作后，就可以打印工作表了。在 Excel 2016 中，工作表的打印设置与 Word 文档中的打印设置有很多相同的地方，但也有不同的地方，如打印区域的设置、页眉和页脚的设置、打印标题的设置及打印网格线和行号、列号等。

如果只想打印工作表中的某部分数据，可以先选定要打印的单元格区域，再将其设置为“打印区域”，执行“打印”命令后，就可以只打印被选定的内容了。

如果想在每一页重复地打印出表头，只需在“打印标题”区的“顶端标题行”编辑栏输入或用鼠标选定要重复打印的行即可。

打印之前需要先进行页面设置，再进行打印预览，当对编辑的效果满意时，就可以正式打印工作表了。

三、实训案例

编辑图 4.11 所示的职员信息表，从中筛选出年龄在 20～30 岁的回族研究生，以及藏族的副编审和所有文化程度为大学本科的人员的信息。

操作步骤如下。

① 新建一个 Excel 工作簿，输入图 4.11 所示的工作表数据。

② 在工作表的上方连续插入 4 个空行，在 A1:E4 单元格区域中输入高级筛选条件，如图 4.12 所示。

No.	姓名	性别	民族	籍贯	年龄	文化程度	现级别	行政职务
1	林海	男	汉	浙江杭州	48	中专	职员	编委
2	陈鹏	男	回	陕西汉中	29	研究生	副编审	组长
3	刘学丽	女	汉	山东济南	47	大学本科	校对	副主任
4	黄佳佳	女	汉	河南郑州	43	大专	校对	副总编
5	许瑞东	男	汉	北京大兴	52	大学	副馆员	主任
6	王书林	男	回	江苏无锡	30	大学	职员	组长
7	程浩	男	汉	山东菏泽	54	大专	职员	
8	范进	男	汉	四川绵阳	47	研究生	职员	编委
9	贾晴天	女	汉	辽宁沈阳	29	研究生	编审	
10	王希睿	男	汉	辽宁营口	32	大学肄业	编审	
11	朱逸如	女	汉	福建南安	25	大学本科	编审	主任
12	夏蕊	女	满	湖北武汉	57	研究生	职员	
13	王鹏鹏	男	藏	上海	36	大学本科	馆员	
14	王大根	男	汉	新疆哈密	42	大学	副编审	
15	胡海波	男	汉	山东聊城	23	大学本科	校对	组长
16	杨瑞明	男	汉	河南开封	25	大学本科	会计师	

图 4.11　职员信息表

年龄	年龄	民族	文化程度	现级别				
>20	<30	回	研究生					
		藏		副编审				
			大学本科					
No.	姓名	性别	民族	籍贯	年龄	文化程度	现级别	行政职务
1	林海	男	汉	浙江杭州	48	中专	职员	编委
2	陈鹏	男	回	陕西汉中	29	研究生	副编审	组长
3	刘学丽	女	汉	山东济南	47	大学本科	校对	副主任
4	黄佳佳	女	汉	河南郑州	43	大专	校对	副总编
5	许瑞东	男	汉	北京大兴	52	大学	副馆员	主任
6	王书林	男	回	江苏无锡	30	大学	职员	组长
7	程浩	男	汉	山东菏泽	54	大专	职员	
8	范进	男	汉	四川绵阳	47	研究生	职员	编委
9	贾晴天	女	汉	辽宁沈阳	29	研究生	编审	
10	王希睿	男	汉	辽宁营口	32	大学肄业	编审	
11	朱逸如	女	汉	福建南安	25	大学本科	编审	主任
12	夏蕊	女	满	湖北武汉	57	研究生	职员	
13	王鹏鹏	男	藏	上海	36	大学本科	馆员	
14	王大根	男	汉	新疆哈密	42	大学	副编审	
15	胡海波	男	汉	山东聊城	23	大学本科	校对	组长
16	杨瑞明	男	汉	河南开封	25	大学本科	会计师	

图 4.12　输入高级筛选条件

③ 首先筛选“年龄在 20～30 岁的回族研究生”，选定 B5 至 I21 单元格区域，单击“编辑”选项卡中“排序和筛选”组的“筛选”按钮，各列的右边出现一个小三角，单击“年龄”右侧的小三角，在出现的下拉列表中选择“数字筛选”|“自定义筛选”命令，在弹出的“自定义自动筛选方式”对话框中选择“大于或等于”|“20”及“小于或等于”|“30”选项，如图 4.13 所示。单击“确定”按钮，结果如图 4.14 所示。

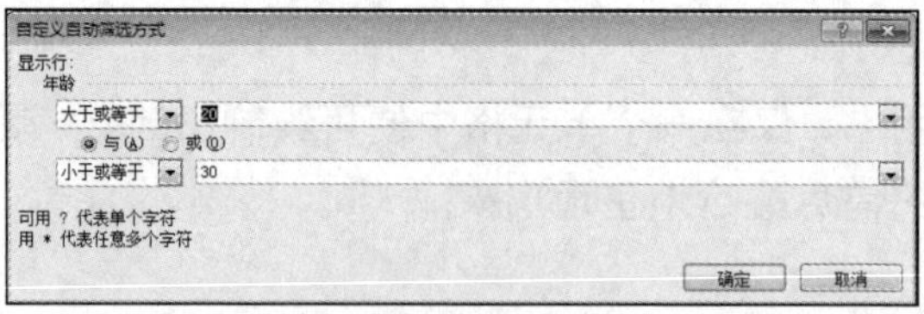

图 4.13 “自定义自动筛选方式”对话框

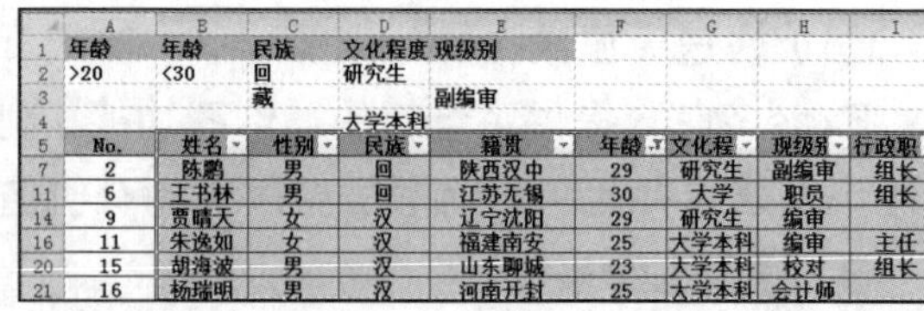

	A	B	C	D	E	F	G	H	I
1	年龄	年龄	民族	文化程度	现级别				
2	>20	<30	回	研究生					
3			藏		副编审				
4				大学本科					
5	No.	姓名	性别	民族	籍贯	年龄	文化程	现级别	行政职
7	2	陈鹏	男	回	陕西汉中	29	研究生	副编审	组长
11	6	王书林	男	回	江苏无锡	30	大学	职员	组长
14	9	贾晴天	女	汉	辽宁沈阳	29	研究生	编审	
16	11	朱逸如	女	汉	福建南安	25	大学本科	编审	主任
20	15	胡海波	男	汉	山东聊城	23	大学本科	校对	组长
21	16	杨瑞明	男	汉	河南开封	25	大学本科	会计师	

图 4.14 “年龄在 20～30 岁”自定义筛选结果

同理，分别单击“民族”与“文化程度”右侧的小三角，进行相应的选择即可，筛选后的效果如图 4.15 所示。

④ 取消刚才的筛选，再次用同样的方法筛选“藏族的副编审”，可发现无人符合该条件；筛选“所有文化程度为大学本科”的人员的信息，结果如图 4.16 所示。

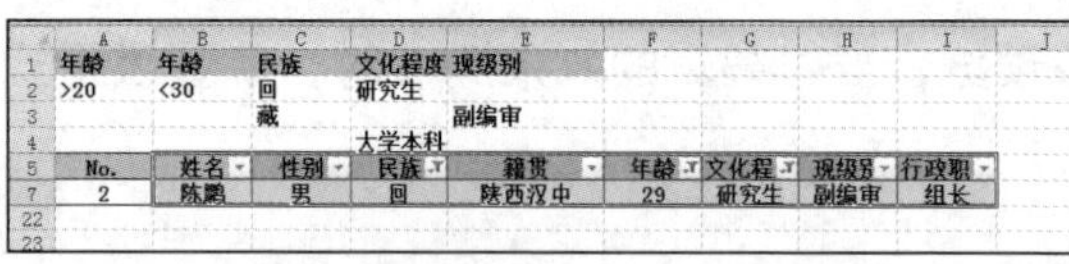

	A	B	C	D	E	F	G	H	I	J
1	年龄	年龄	民族	文化程度	现级别					
2	>20	<30	回	研究生						
3			藏		副编审					
4				大学本科						
5	No.	姓名	性别	民族	籍贯	年龄	文化程	现级别	行政职	
7	2	陈鹏	男	回	陕西汉中	29	研究生	副编审	组长	
22										
23										

图 4.15 “年龄在 20～30 岁的回族研究生”的筛选结果

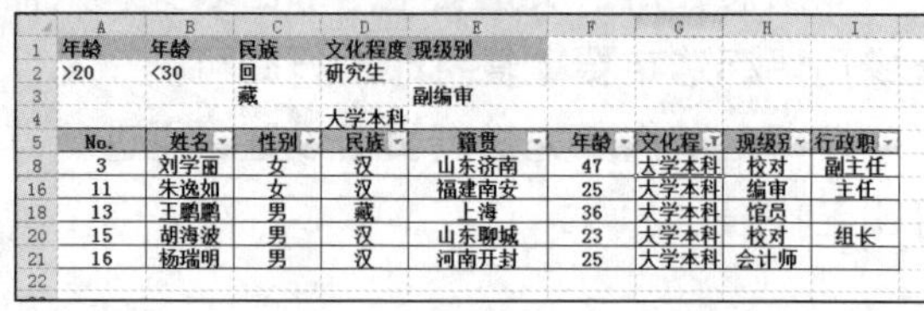

	A	B	C	D	E	F	G	H	I
1	年龄	年龄	民族	文化程度	现级别				
2	>20	<30	回	研究生					
3			藏		副编审				
4				大学本科					
5	No.	姓名	性别	民族	籍贯	年龄	文化程	现级别	行政职
8	3	刘学丽	女	汉	山东济南	47	大学本科	校对	副主任
16	11	朱逸如	女	汉	福建南安	25	大学本科	编审	主任
18	13	王鹏鹏	男	藏	上海	36	大学本科	馆员	
20	15	胡海波	男	汉	山东聊城	23	大学本科	校对	组长
21	16	杨瑞明	男	汉	河南开封	25	大学本科	会计师	
22									

图 4.16 “所有文化程度为大学本科”的筛选结果

⑤ 仔细观察结果，体会 Excel 2016 的筛选功能。

实训做完后，请正常退出 Excel 2016，并认真总结实训过程和所取得的收获。

四、实训拓展

■ 任务 对图表进行处理

从不同角度分析、比较图表数据，根据不同的管理目标选择不同的图表类型进行分析。

操作步骤如下。

① 启动 Excel 2016，编辑图 4.17 所示的工作表数据，将该表命名为“产品销量情况表”。其中“合计”列要求用函数求出。

② 利用图表向导制作图表，并根据下述要求变换图表类型进行数据分析。

分析比较一年来各个月份各种产品的销量。选中工作表中除“合计”行和列的所有数据，即选定 A3:F15 单元格区域。单击“插入”选项卡的“图表”组中相应的图表类型即可完成图表的插入，例如，单击“插入”选项卡中“图表”组的“柱形图”按钮，选取“二维柱形图”中的“簇状柱形图”，结果如图 4.18 所示。或者单击工具栏中的“图表向导”按钮，根据向导提示，按默认设置完成图表制作。根据图表即可对各个月份各产品销售情况进行分析比较。

E21

	A	B	C	D	E	F	G	H
1	产品销量情况表							
2							单位：件	
3		A产品	B产品	C产品	D产品	E产品	合计	
4	一月	234	530	770	960	2175	4669	
5	二月	228	477	765	1369	1733	4572	
6	三月	200	344	793	2043	2384	5764	
7	四月	103	441	845	2380	2657	6426	
8	五月	358	370	852	2265	2164	6009	
9	六月	352	449	871	2550	1875	6097	
10	七月	395	411	726	2798	1297	5627	
11	八月	543	376	913	2587	2150	6569	
12	九月	587	430	902	2776	1287	5982	
13	十月	779	397	913	2993	1987	7069	
14	十一月	638	408	965	2672	1356	6039	
15	十二月	698	378	985	2458	1873	6392	
16	合计	5115	5011	10300	27851	22938	71215	
17								
18								

图 4.17 某企业在一年内各个月份各种产品的销量表

分析比较一年来各种产品各个月份的销量。选中图 4.18 所示的图表，再单击“图表工具-设计”选项卡中“数据”组的“切换行/列”按钮，即可得出各种产品在各个月份的销量柱形图，结果如图 4.19 所示。根据图表即可对各种产品各个月份的销售情况进行分析比较。

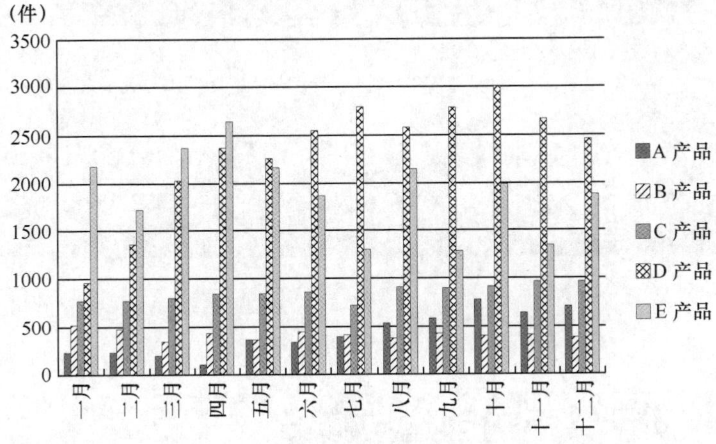

图 4.18　各个月份各种产品销量柱形图

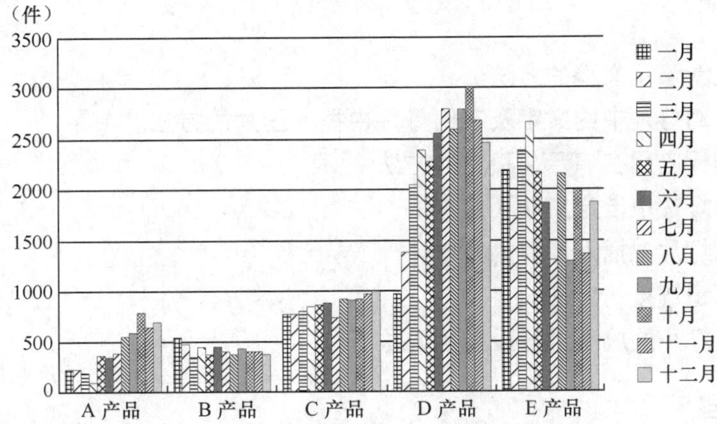

图 4.19　各种产品各个月份销量柱形图

③ 对数据进行筛选显示。例如，只显示在 12 个月中销量超过 6000 件的月份；或者只显示在 12 个月中总销量超过 20000 件的产品。请试着实际操作并观察结果。

④ 保存文件。

第 5 章 PowerPoint 2016演示文稿处理

05

实训项目一　演示文稿的创建与修饰

一、实训目的

- 掌握创建新演示文稿的方法。
- 掌握修改幻灯片中的文字及在幻灯片中插入图片的方法。
- 掌握将模板应用在演示文稿上的方法。
- 掌握在幻灯片中自定义动画的方法。
- 了解在幻灯片中插入声音的方法。
- 掌握使用超链接的方法。
- 掌握对幻灯片的放映进行设置的方法。

二、实训内容

PowerPoint 是一款专门用来制作演示文稿的应用软件，也是 Microsoft Office 系列软件中的重要组成部分。使用 PowerPoint 可以制作出集文字、图形、图像、声音及视频等多媒体元素于一体的演示文稿，将信息以更轻松、更高效的方式表达出来。Microsoft 公司推出的 PowerPoint 2016 办公软件除了拥有全新的界面外，还添加了许多新功能，使软件应用更加方便快捷。

PowerPoint 2016 在继承旧版本优点的同时，还调整了工作环境及工具按钮，使用户操作起来更加便捷。此外，PowerPoint 2016 还新增了以下一些功能和特性。

- 面向结果的功能区。
- 取消任务窗格功能。
- 增强的图表功能。
- 专业的 SmartArt 图形。
- 方便的共享模式。

初学者在制作演示文稿时要注意以下 3 个方面。

1. 条理性

使用 PowerPoint 制作演示文稿的目的，是将要叙述的问题以提纲挈领的方式表达出来，让观众一目了然。如果仅是将一篇文章分成若干片段，平铺直叙地表现出来，则显得乏味，难以提起观众的兴趣。一个好的演示文稿应紧紧围绕所要表达的中心思想，划分不同的层次、段落，编制内容的目录结构。同时，为了加深观众的印象和理解，这个目录结构应在演示文稿中“不厌其烦”地出现，即在演示文稿的开始要全面阐述，以告知观众本文要讲解的几个要点；在每个不同的内容段之间也要出现，并对下文即将要叙述的段落标题给予显著标识，以告知观众现在要转移话题了。

2. 自然胜过花哨

在设计演示文稿时，很多人为了使之精彩纷呈，常常煞费苦心地在演示文稿上添加多种效果，例如添加艺术字、变换背景颜色、穿插五花八门的动画效果等。这样的演示过程看似精彩，但其实往往会弄巧成拙，因为效果过多会分散观众的注意力，不好把握内容重点，难以达到预期的演示效果。好的演示文稿要保持淳朴自然、简洁一致的风格，最为重要的是演示文稿的主题要与演示目的协调配合。如果演讲内容是随着演讲者演讲的进度出现的，则穿插动画效果可以起到从局部到全面升华主题的作用，提高观众的兴趣，否则就会显得凌乱。

3. 使用技巧实现特殊效果

有时为了阐明一个问题会采用一些图示和特殊的动画效果，但是在演示文稿中添加简单的动画效果有时也难以满足需求。例如采用闪烁效果说明一段文字，在演示时文字会一闪而过，观众根本无法看清，为了实现不停闪烁的效果，还需要借助一定的技巧，组合使用不同的动画效果。还有一种情况，如果需要在演示文稿中引用其他的文档资料、图片、表格或从某点展开演讲，可以使用超级链接。但在使用时一定要注意“有去有回”，设置好返回链接，必要时可以使用自定义放映，否则在演示过程中可能会出现“到了引用处，却回不了原引用点”的情况。

三、实训案例

1. 创建、保存和关闭演示文稿

创建演示文稿的方式有多种：用内容提示向导创建演示文稿，PowerPoint 2016 提供了包含不同主题、建议内容及其相应版式的演示文稿示例，供用户选择；用模板创建演示文稿，用户可以选择 PowerPoint 2016 提供的不同风格的模板，将它套用到当前演示文稿中；用空白演示文稿的方式创建演示文稿，用户可以不拘泥于提示向导及模板，发挥自己的创造力制作出独具风格的演示文稿。

（1）创建演示文稿

启动 PowerPoint 2016 后，会自动创建一个空白演示文稿，用户可以直接利用此空白演示文稿工作。

用户也可以自行创建演示文稿，具体操作步骤如下。

单击窗口左上角的“文件”按钮，选择“新建”命令，会显示新建演示文稿的窗口，如

图 5.1 所示。在该窗口中用户可以按照“新建”区域或者“搜索联机模板和主题”区域的内容来创建空白演示文稿。

① “新建”区域。PowerPoint 2016 默认的是“空白演示文稿”。这是一个不包含任何内容的空白演示文稿。推荐初学者使用这种方法。

② “搜索联机模板和主题”区域。该区域中包含几十款模板和主题，可以选择任意一款，将其下载并安装到用户的系统中，当需要使用时，单击“创建”按钮。如果没有找到合适的，可以使用顶部的搜索框查找更多模板和主题。

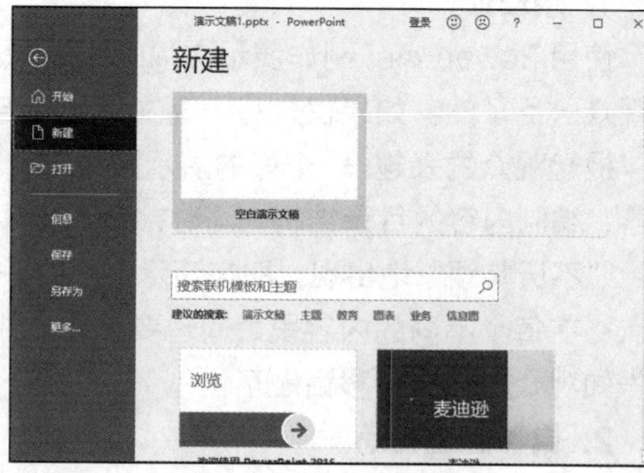

图 5.1　新建演示文稿的窗口

（2）保存和关闭演示文稿

① 单击窗口左上角的“文件”按钮，选择“保存”命令，如果演示文稿是第一次保存，则系统会显示“另存为”对话框，由用户设置保存文件的位置和名称。需要注意的是，PowerPoint 2016 生成的文件的默认扩展名是“.pptx”。这是一个非向下兼容的文件类型，如果希望将演示文稿保存为使用早期的 PowerPoint 版本可以打开的文件，则单击“文件”按钮，选择“另存为”命令，在“保存类型”下拉列表中选择其中的“PowerPoint 97-2003 演示文稿”命令。

② 直接单击快速访问工具栏中的“保存”按钮保存文稿。

③ 按<Ctrl> + <S>组合键保存文稿。

2. 编辑演示文稿

（1）新建

在演示文稿中新建幻灯片的方法有很多，主要有以下几种。

方法一：在大纲视图的结尾按<Enter>键。

方法二：单击“开始”|“新建幻灯片”按钮。

用第一种方法，演示文稿的结尾会立即出现一张新的幻灯片，该幻灯片直接套用前一张幻灯片的版式；用第二种方法，屏幕上会出现一个“Office 主题”下拉列表，用户可以非常直观地选择所需版式。

（2）编辑、修改演示文稿

选择要编辑、修改的演示文稿，选择其中的文本、图表、剪贴画等对象，具体的编辑方法和 Word 2016 类似。

（3）插入和删除幻灯片

① 添加新幻灯片。可以在幻灯片浏览视图中添加新幻灯片，也可以在普通视图的大纲窗格中添加新幻灯片，其效果是一样的。

- 选择需要在其后插入新幻灯片的幻灯片。

- 按<Enter>键可直接添加一张与上一张幻灯片同版式的幻灯片；单击“开始”|“新建幻灯片”按钮，在出现的“Office 主题”下拉列表中选择一个合适的幻灯片版式，即可完成插入。

② 删除幻灯片。

- 在幻灯片浏览视图或大纲视图中选择要删除的幻灯片。
- 单击“开始”|“剪切”按钮，或按<Delete>键。
- 若要删除多张幻灯片，可切换到幻灯片浏览视图，按住<Ctrl>键并单击要删除的幻灯片，然后按<Delete>键完成对所选幻灯片的删除操作。

（4）调整幻灯片位置

用户可以在除幻灯片放映模式以外的任何模式对幻灯片位置进行调整。

① 选中要移动的幻灯片。

② 按住鼠标左键，拖动鼠标。

③ 将鼠标拖动到合适的位置后释放鼠标，在拖动的过程中，普通视图下有一条横线指示幻灯片的位置，在阅读视图中有一条竖线指示幻灯片的目标移动位置。

此外还可以用“剪切”和“粘贴”命令来移动幻灯片。

（5）为幻灯片编号

演示文稿创建完后，可以为全部幻灯片添加编号，其操作方法如下。

① 单击“插入”|“幻灯片编号”按钮，出现图 5.2 所示的对话框，在其中进行相应的设置即可。

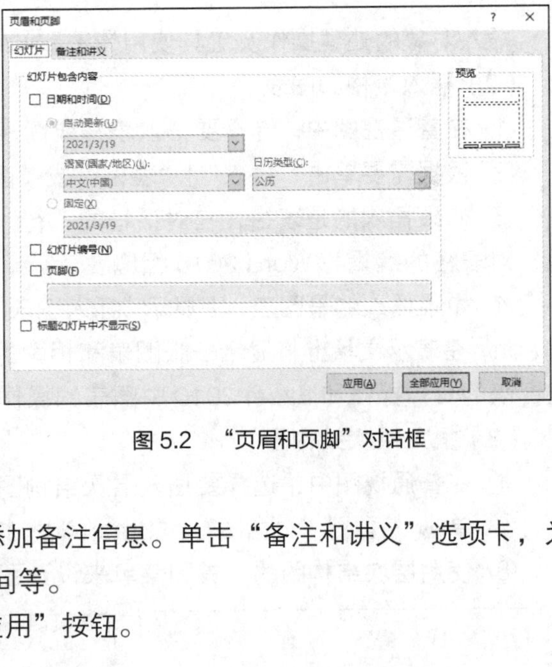

图 5.2 “页眉和页脚”对话框

② 在这个对话框中，还可以为幻灯片添加备注信息。单击“备注和讲义”选项卡，为幻灯片的备注和讲义添加信息，如日期和时间等。

③ 根据需要，单击“全部应用”或“应用”按钮。

（6）隐藏演示文稿

用户可以把暂时不需要放映的演示文稿隐藏起来。

单击“视图”选项卡中“演示文稿视图”组的“幻灯片浏览”按钮，选择要隐藏的幻灯片，单击鼠标右键，在快捷菜单中选择“隐藏幻灯片”命令，该幻灯片右下角的编号上出现一条斜杠，表示该幻灯片已被隐藏。

若想取消隐藏幻灯片，则选中该幻灯片，再单击鼠标右键，在弹出的快捷菜单中选择“隐藏幻灯片”命令。

3. 在幻灯片中插入各种对象

（1）插入图片和艺术字对象

① 在普通视图中，选择要插入图片或艺术字的幻灯片。

② 根据需要单击“插入”|“图像”组中合适的按钮，如“图片”按钮，找到自己想要的图片并插入即可，如图 5.3 所示。

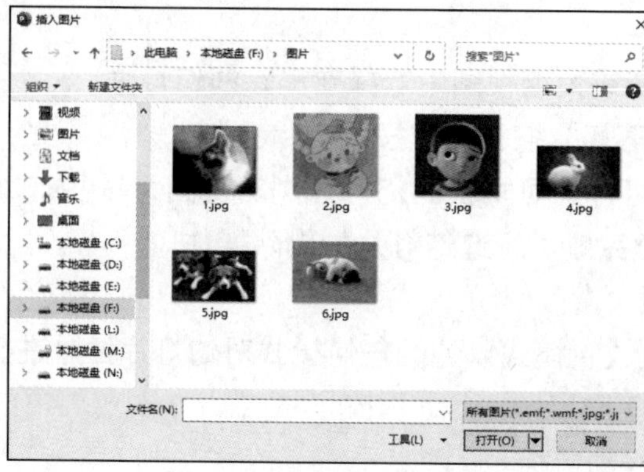

图 5.3 “插入图片”对话框

插入对象的处理操作及工具使用情况和 Word 2016 相似。

（2）插入表格和图表

① 在普通视图中，选择要插入表格或图表的幻灯片。

② 根据需要单击“插入”|“表格”或“图表”按钮。

③ 如果插入的是表格，在对话框的“行”和“列”框中分别输入所需的表格行数和列数，对表格的编辑与 Word 2016 相似。

④ 如果插入的是图表，则显示“插入图表”对话框，如图 5.4 所示。同时启动 Microsoft Graph，在演示文稿上将显示一张图表和相关的数据，根据需要，修改图表中的标题和数据，对图表的具体操作和 Excel 2016 中图表的操作相似。

（3）插入层次结构图

① 在普通视图中，选择要插入层次结构图的幻灯片。

② 单击“插入”|“插图”|“SmartArt”按钮。

③ 使用层次结构图的工具和菜单来设计图表，如图 5.5 所示。

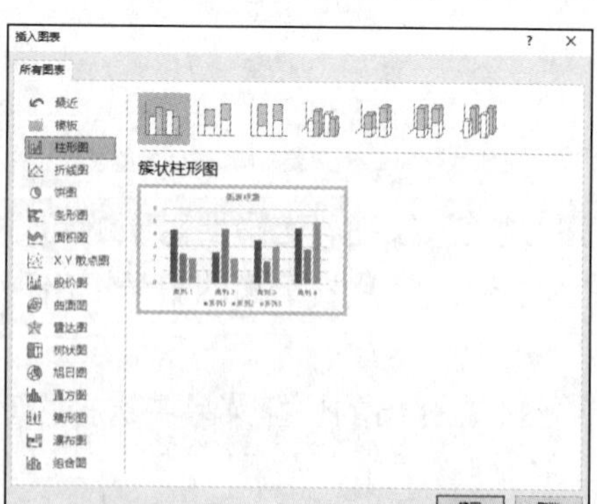

图 5.4 “插入图表”对话框

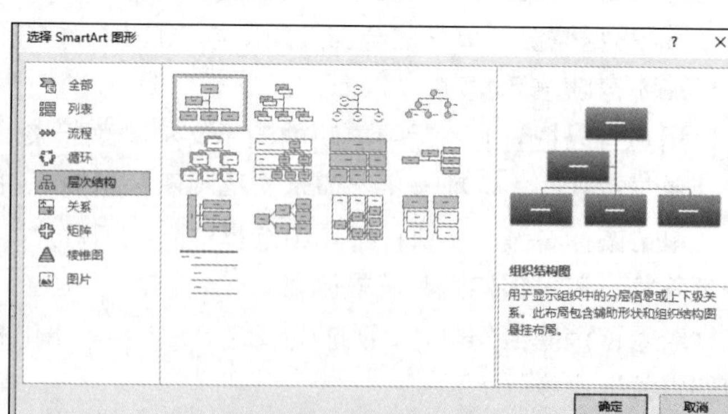

图 5.5 插入层次结构图

对于已插入对象的删除，可选中要删除的对象，然后按<Delete>键。

4. 放映幻灯片

① 选择要观看的幻灯片。

② 单击“幻灯片放映”选项卡中“开始放映幻灯片”组中合适的按钮即可开始放映。

③ 单击当前幻灯片可连续放映。

④ 按<Esc>键退出放映。

5. PowerPoint 2016 效果设置

根据前面的实训内容，准备 5 张幻灯片，内容自定，然后做以下操作。

背景也是演示文稿外观设计中的一个部分，它包括阴影、模式、纹理、图片等。如果创建的是一个空白演示文稿，可以先为演示文稿设置一个合适的背景；如果是根据模板创建的演示文稿，当其和新建主题不协调时，也可以修改背景。设置演示文稿背景的方法如下。

① 新建一篇空白演示文稿，单击“设计”选项卡，然后单击“设置背景格式”按钮，弹出图 5.6 所示的窗格。

② 该窗格中有 4 种填充形式：纯色填充、渐变填充、图片或纹理填充、图案填充。选择一种需要的填充形式，如选中“图片或纹理填充”单选项。

③ 选中“图片或纹理填充”单选项后，在“图片源”栏下方单击“插入”按钮，弹出“选择图片”对话框，在该对话框中选择合适的剪贴画，单击“确定”按钮即可。

④ 在演示文稿编辑区就会看到效果，如果不太满意，可以单击“设置背景格式”窗格中的“图片”按钮，然后单击“图片颜色”|“重新着色”右侧的按钮，在弹出的下拉列表中选择合适的选项，如图 5.7 所示。

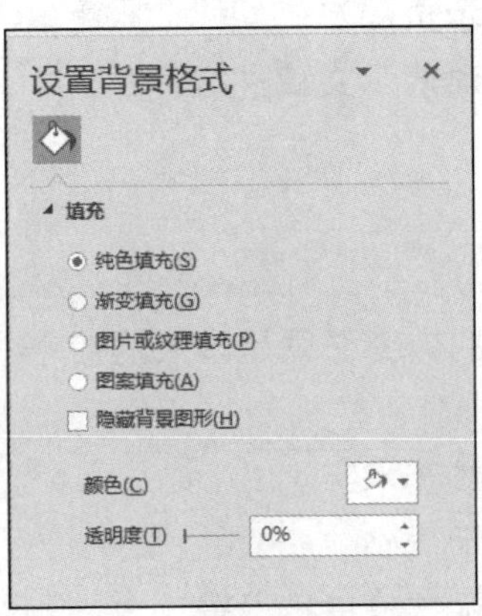

图 5.6 “设置背景格式”窗格

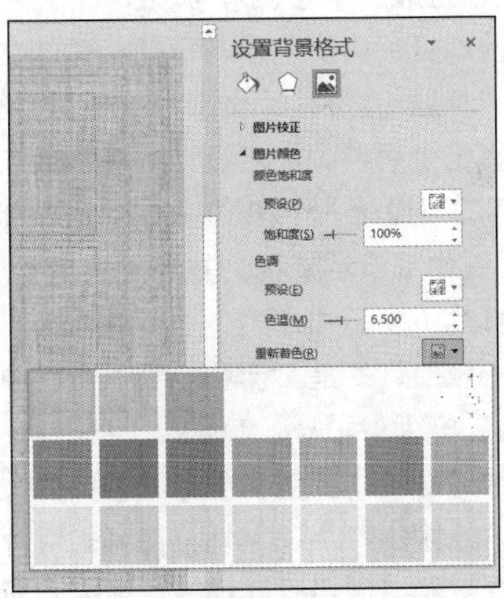

图 5.7 “重新着色”下拉列表

如果要将设置的背景应用于同一演示文稿的所有幻灯片中，可以在背景设置完成后，单击“设置背景格式”窗格中的“应用到全部”按钮。

如果要对同一演示文稿中的不同幻灯片应用不同的背景，只需选中该幻灯片，进行上述操作，不要单击“应用到全部”按钮，直接“关闭”对话框即表示只对选中幻灯片进行该背景的应用。图 5.8 所示是对不同幻灯片应用不同的背景。

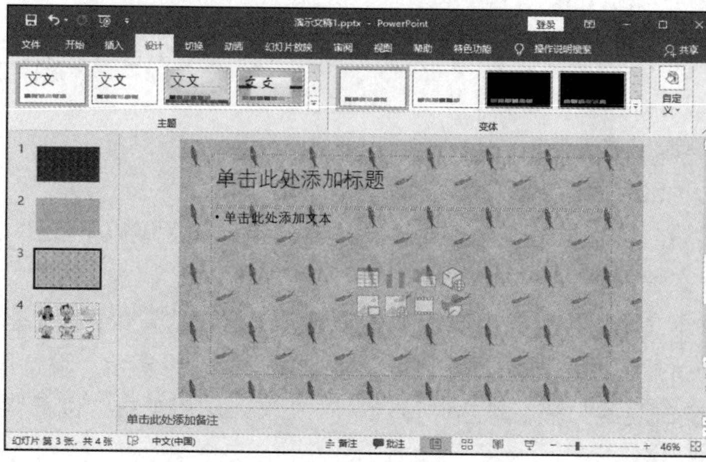

图 5.8　为不同幻灯片应用不同的背景

四、实训拓展

■ 任务一　设计一个介绍中国传统节日（任意选择一个）的演示文稿

要求：制作成演示文稿，并满足以下要求。

① 幻灯片不少于 5 张。

② 第一张幻灯片是“标题幻灯片”，其中副标题中的内容必须是本人的信息，包括姓名、专业、年级、班级、学号、考号。

③ 其他幻灯片中要包含与标题相关的文字、图片或艺术字。

④ 除“标题幻灯片”之外，每张幻灯片上都要显示页码。

⑤ 选择至少两种“应用设计模板”或者“背景”对演示文稿进行设置。

■ 任务二　设计一个和“神九”相关的演示文稿

要求：制作成演示文稿，并满足以下要求。

① 幻灯片不少于 10 张。

② 第一张幻灯片是“标题幻灯片”，其中副标题中的内容必须是本人的信息，包括姓名、专业、年级、班级、学号、考号。

③ 其他幻灯片中要包含与标题相关的文字、图片或艺术字。

④ 除“标题幻灯片”之外，每张幻灯片上都要显示页码。

⑤ 选择一种“应用设计模板”或者“背景”对演示文稿进行设置。

实训项目二　动画效果设置

一、实训目的

- 掌握在幻灯片中自定义动画的方法。

- 了解在幻灯片中插入声音和视频的方法。

二、实训内容

在 PowerPoint 2016 中，用户可以单击“动画”选项卡中“动画”组的按钮为幻灯片中的文本、形状、声音和其他对象设置动画，这样就可以突出重点，控制信息的流程，并增强演示文稿的趣味性。

1. 快速预设动画效果

先将演示文稿切换到普通视图模式，单击需要添加动画效果的对象，将其选中，然后单击“动画”选项卡，可以根据自己的喜好选择“动画”组中合适的效果。如果想观察所设置的各种动画效果，可以单击“动画”选项卡中的“预览”按钮。

2. 自定义动画功能

在幻灯片中，选中要添加自定义动画的项目或对象，单击“动画”选项卡中“动画”组的“添加动画”按钮，会弹出“添加动画”下拉列表，选择“进入”类别中的“旋转”动画，结束自定义动画的初步设置，如图 5.9 所示。

为幻灯片对象添加了动画效果以后，该对象的旁边会出现一个带有数字的彩色矩形标识，此时用户可以对添加的动画效果进行修改。例如，修改触发方式、持续时间等。

当为同一张幻灯片中的多个对象添加了动画效果以后，它们之间的顺序还可以通过“添加动画”下拉列表中“对动画重新排序”的“向前移动”或“向后移动”命令进行调整。

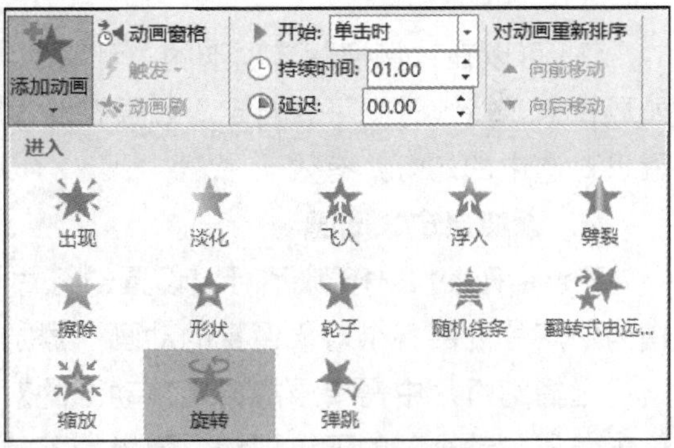

图 5.9　添加自定义动画

3. 插入声音和视频

先将自己想用作背景音乐的音频文件下载至计算机，然后单击“插入”选项卡中“媒体”组的“音频”按钮，选择“文件中的音频”命令，选中下载好的音频文件并单击“插入”按钮，即可将自己喜欢的音频文件作为背景音插入幻灯片中。

插入视频的操作与插入音频基本一致，在“插入”选项卡的“媒体”组中单击“视频”的下拉按钮，会显示包含“文件中的视频”“来自网站的视频”“剪贴画视频”的下拉列表。例如，选择“文件中的视频”命令，此时会打开“插入视频文件”对话框，在用户选择了一个要插入的视频文件后，对应幻灯片中会出现用于播放该视频的窗口，用户可以像编辑其他对象一样，改变它的大小和位置。用户可以通过“视频工具”对插入的视频文件的播放、音量等进行设置。完成设置之后，该视频文件会按前面的设置，在放映幻灯片时播放。

除此之外，在 PowerPoint 2016 中还可以实现屏幕录制，在“插入”选项卡的“媒体”组中单击“屏幕录制”按钮，然后单击“录制区域”按钮，拖动鼠标选择屏幕录制的区域，并点击红色的“录制”按钮，录制完毕后按<Windows>+<Shift>+<Q>组合键便可退出屏幕录制。

三、实训案例

1. 设置幻灯片切换效果

幻灯片的切换效果就是指当前幻灯片以何种形式从屏幕上消失，以及下一张幻灯片以什么样的形式显示在屏幕上。设置幻灯片的切换效果，可以使幻灯片以多种不同的形式出现在屏幕上，并且可以在切换时添加声音，从而增强演示文稿的趣味性。可以为一组幻灯片设置同一种切换效果，也可以为每张幻灯片设置不同的切换效果。

设置幻灯片切换效果的操作步骤如下。

① 选择要设置切换效果的幻灯片，单击“切换”选项卡，在“切换到此幻灯片”组中可以设置切换效果，如图 5.10 所示，在该组中选择合适的切换效果。

图 5.10　“切换”选项卡

② 可以在“切换”选项卡的“计时”组中再选择切换效果的“声音”和“持续时间”，如风铃声，持续时间可以自定。如果在此过程中没有单击“应用到全部”按钮，则前面的设置只对选中的幻灯片有效。

2. 添加自定义动画

PowerPoint 2016 除了可以设置幻灯片切换效果外，还可以自定义动画。自定义动画是指为幻灯片内部各个对象设置的动画。添加自定义动画的方法如下。

选择幻灯片中需要添加自定义动画的对象，单击“动画”选项卡，在“高级动画”组中单击“添加动画”的下拉按钮，弹出的下拉列表的底部如图 5.11 所示。

选择“其他动作路径”命令，在打开的对话框中选择相应的动画即可。

在给幻灯片中的多个对象添加动画时，添加动画的顺序就是幻灯片放映时动画的播放次序。当幻灯片中的对象较多时，难免在添加动画时使动画的次序产生错误，这时可以在动画添加完成后，再对其进行重新调整。

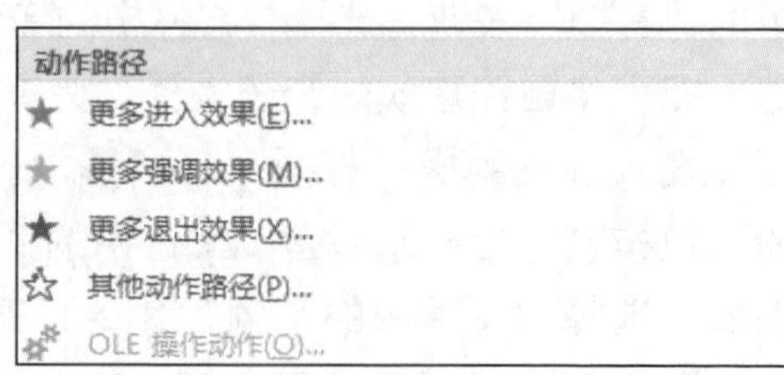

图 5.11　“添加动画”下拉列表底部图

① 在“动画窗格”的动画列表中，选择需要调整播放次序的动画。

② 单击窗格底部的“上移”按钮或“下移”按钮来调整该动画的播放次序。

③ 单击“上移”按钮表示将该动画的播放次序提前一位，单击“下移”按钮表示将该动画的播放次序向后移一位。

④ 单击窗格顶部的“播放”按钮就可以播放动画了。

3. 设置超链接

在 PowerPoint 2016 中，超链接是指从一张幻灯片到另一张幻灯片、一个网页或一个文件的链接。超链接本身可能是文本或对象（例如图片、图形、形状或艺术字）。表示超链接的文本用下画线显示，图片、形状和其他对象的超链接没有附加格式。同学们需要掌握编辑超链接、删除超链接、编辑动作链接 3 个部分的操作。

四、实训拓展

■ 任务一　以“环保”为主题设计一个宣传片演示文稿

要求：制作演示文稿，并满足以下要求。

① 幻灯片不少于 10 张。

② 第一张幻灯片是“标题幻灯片”，其中副标题中的内容必须是本人的信息，包括姓名、专业、年级、班级、学号、考号。

③ 其他幻灯片中要包含与标题相关的文字、图片或艺术字，并且这些对象要通过“自定义动画”方式进行设置。

④ 除“标题幻灯片”之外，每张幻灯片上都要显示页码。

⑤ 选择一种“应用设计模板”或者“背景”对演示文稿进行设置。

⑥ 设置每张幻灯片的切入方法，至少使用 3 种。

⑦ 使用超链接，顺利地进行幻灯片跳转。

⑧ 幻灯片的整体布局合理、美观大方。

■ 任务二　设计一个电影或电视剧的演示文稿

要求：制作成演示文稿，并满足以下要求。

① 幻灯片不少于 15 张。

② 第一张幻灯片是“标题幻灯片”，其中副标题中的内容必须是本人的信息，包括姓名、专业、年级、班级、学号、考号。

③ 其他幻灯片中要包含与标题相关的文字、图片或艺术字，并且这些对象要通过“自定义动画”方式进行设置。

④ 除“标题幻灯片”之外，每张幻灯片上都要显示页码。

⑤ 选择一种“应用设计模板”或“背景”对演示文稿进行设置。

⑥ 设置幻灯片的切换效果，整个演示文稿至少使用 3 种。

⑦ 使用超链接，顺利地进行幻灯片跳转。

⑧ 幻灯片的整体布局合理、美观大方。

实训项目三　幻灯片母版设置

一、实训目的

- 掌握幻灯片母版创建及标题格式更改的方法。

- 掌握制作带 LOGO 的母版的方法。

二、实训内容

在 PowerPoint 2016 中，用户可以单击“视图”选项卡中“母版视图”组的按钮为幻灯片设置统一的版式，即母版。通常母版中包含一些共有信息，可以对整个演示文稿进行全局设置，例如背景、颜色、字体等，有利于保持演示文稿的统一风格，或方便切换风格，提高效率。

1. 创建幻灯片母版

在演示文稿中选择“视图”选项卡的“母版视图”组，其中有 3 种母版类型：幻灯片母版、讲义母版和备注母版。单击“幻灯片母版”按钮会出现幻灯片母版编辑界面，如图 5.12 所示。界面左侧列表显示了当前演示文稿中的母版（一级母版）和各种版式的幻灯片（二级母版），一级母版中设置的内容会自动保存至二级母版中，但二级母版中新增的设置内容不会体现在一级母版中。将幻灯片母版所有格式编辑完成后，单击“幻灯片母版”选项卡中的“关闭母版视图”按钮即可退出幻灯片母版编辑界面。

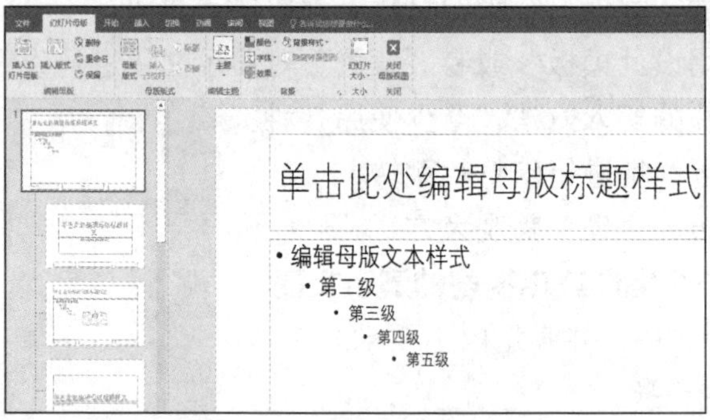

图 5.12　幻灯片母版编辑界面

2. 标题格式的更改

在幻灯片母版编辑界面的左侧列表中选择一级母版，输入标题，单击“开始”选项卡，在这个选项卡中，用户可以对标题文字进行字体、大小、形状、排版等格式的更改；同样，可以对文本样式中第一、第二、第三等各等级的文本进行格式更改。当更改完成后，其相关的所有设置内容将自动更新到所有二级母版中。

3. 制作带 LOGO 的母版

先将自己想用的 LOGO 下载至计算机，然后选择一级母版，单击“插入”选项卡中“图像”组的“图片”按钮，选中下载好的 LOGO 并单击“插入”按钮，即可将自己喜欢的 LOGO 作为背景图片插入一级母版中。当一级母版插入 LOGO 后，下面所有的二级母版将自动添加该 LOGO。

三、实训案例

1. 插入幻灯片母版背景

① 在 PowerPoint 2016 中，单击“视图”选项卡中“母版视图”组的“幻灯片母版”

按钮，跳转到幻灯片母版编辑界面。

② 选中第一张幻灯片（一级母版），单击“插入”选项卡中“图像”组的“图片”按钮，即可插入一张图片作为背景图，如图 5.13 所示。

图 5.13　为幻灯片母版插入背景图

2. 自定义标题和文本格式

① 选中标题所在的文本框，单击“开始”选项卡，在“字体”组中对标题格式进行任意设置，例如，设置字体为隶书、字号为 48、颜色为蓝色，如图 5.14 所示。

② 选中“编辑母版文本样式”（即第一级文本），单击“开始”选项卡，在“字体”组中对文本格式进行设置，例如，设置字体为华文行楷、字号为 28、颜色为红色，如图 5.15 所示。

图 5.14　自定义标题格式

图 5.15　自定义文本格式

3. 插入 LOGO

选择一级母版，单击“插入”选项卡中“图像”组的“图片”按钮，选中自己下载好的 LOGO 并单击“插入”按钮，完成 LOGO 的插入，将 LOGO 放至幻灯片右上角，如图 5.16 所示。所有二级母版将自动在同一位置显示该 LOGO。

4. 退出幻灯片母版编辑模式

上述步骤完成后，单击“幻灯片母版”选项卡的“关闭母版视图”按钮即可退出幻灯片母版编辑界面。在幻灯片母版上所做的所有更改都将体现在幻灯片中，如图 5.17 所示。

图 5.16　为幻灯片母版插入 LOGO

图 5.17　普通视图下的幻灯片

四、实训拓展

■ 任务一　制作一个演示文稿，介绍李白的几首诗

具体要求如下。

① 第一张幻灯片是“标题幻灯片”。

② 第二张幻灯片重点介绍李白的生平。

③ 在第三张幻灯片中给出要介绍的几首诗的目录，将它们通过超链接链接到相应的幻灯片上。

④ 在每首诗的介绍中有不少于一张的相关图片。

⑤ 选择一种合适的模板。

⑥ 幻灯片中的部分对象有两种以上的动画效果。

⑦ 幻灯片之间有两种以上的切换效果。

⑧ 幻灯片的整体布局合理、美观大方。

■ 任务二　制作一个演示文稿，介绍自己的职业生涯规划

具体要求如下。

① 第一张幻灯片是“标题幻灯片”。

② 从第二张幻灯片开始以“自我介绍”“未来规划”“具体做法”3 个分标题进行阐述。

③ 3 个分标题均单独成一张幻灯片，母版标题的格式统一设置为楷体、字号 60、居中，母版副标题的格式统一设置为楷体、字号 40、居中。

④ 所有幻灯片右上角均有校徽。

⑤ 所有幻灯片背景图片统一大小、位置、色彩、图案。

⑥ 幻灯片的整体布局合理、美观大方。

第 6 章 计算机网络基础

06

实训项目一　Internet 的接入与 IE 浏览器的使用

一、实训目的

- 掌握在 Windows 7 系统中设置 IP 地址的方法。
- 掌握在 Windows 7 系统中查看本机的 MAC 地址的方法。
- 掌握 IE 浏览器的基本操作。
- 掌握保存网页上的信息的方法。
- 掌握 IE 浏览器主页的设置方法。

二、实训案例

1. 在 Windows 7 系统中设置 IP 地址

① 打开“控制面板”窗口，依次单击“网络和 Internet”“网络和共享中心”“更改适配器设置”选项，结果如图 6.1 所示。

② 在“本地连接”上单击鼠标右键，在出现的快捷菜单中选择“属性”命令，如图 6.2 所示。

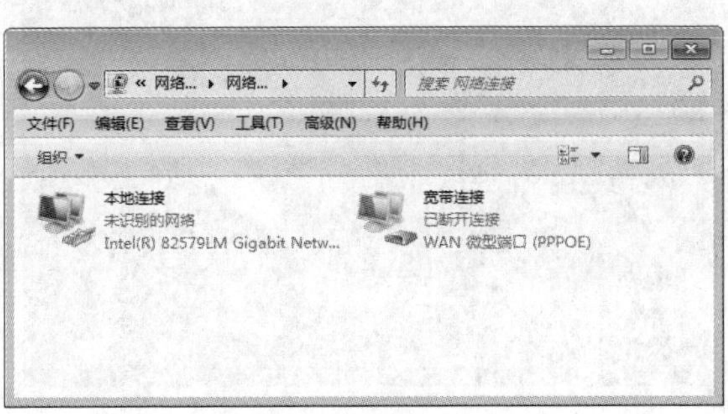

图 6.1　“网络连接”窗口

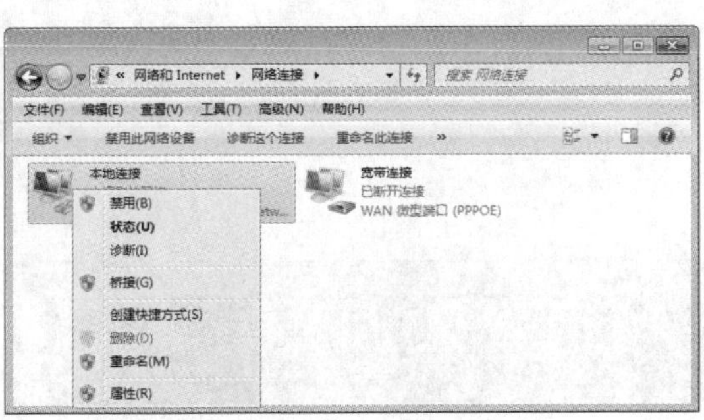

图 6.2　查看“本地连接”的属性

③ 在打开的“本地连接 属性”对话框中，选择“Internet 协议版本 4(TCP/IPv4)”，如图 6.3 所示。

④ 单击“属性”按钮，或者双击“Internet 协议版本 4(TCP/IPv4)”，打开“Internet 协议版本 4(TCP/IPv4)属性”对话框，如图 6.4 所示。

⑤ 在打开的对话框中选中“使用下面的 IP 地址”单选项，然后按照分配到的 IP 地址进行配置，单击“确定”按钮即可完成对 IP 地址的设置。

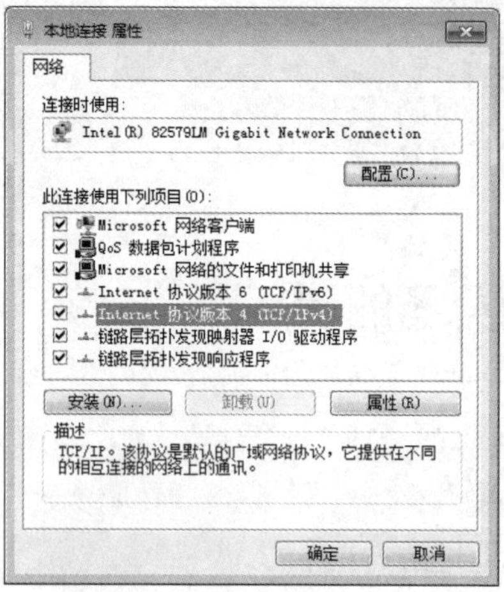

图 6.3 “本地连接 属性”对话框

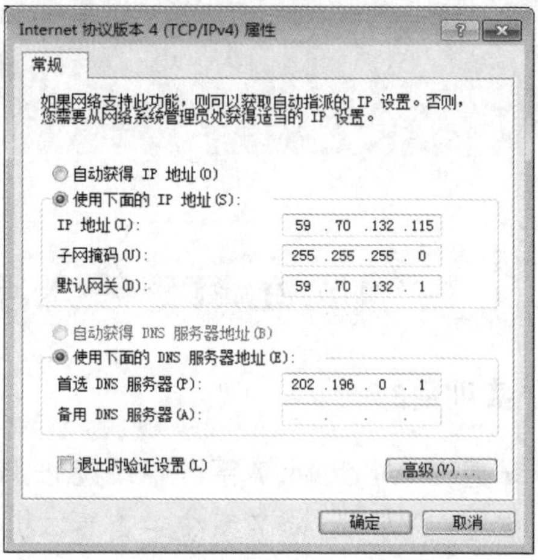

图 6.4 “Internet 协议版本 4(TCP/IPv4)属性”对话框

2. 在 Windows 7 系统中查看、修改本机的 MAC 地址

基于 Windows 7 系统来介绍查看本机的 MAC 地址的方法。

（1）查看本机的 MAC 地址

按<Windows>+<R>组合键，弹出“运行”对话框，在“打开”文本框中输入“CMD”，按<Enter>键，弹出 DOS 命令运行窗口，在该窗口中输入“ipconfig /all”，如图 6.5 所示。

然后按<Enter>键，在显示的一系列信息中找到“本地连接”文字，其中“物理地址”就是本机的 MAC 地址，如图 6.6 所示。

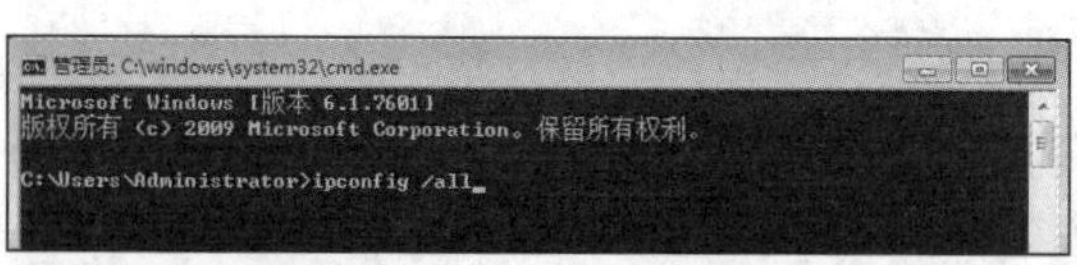

图 6.5 DOS 命令运行窗口

图 6.6 查看本机的 MAC 地址

（2）查看无线网卡的 MAC 地址

如果连接了无线网，则无线路由器本身会记录无线网卡的 MAC 地址，可以通过无线路由器的设置查看该 MAC 地址。

① 保证无线网处于连接中，可以在右下角的状态栏中查看，如图 6.7 所示。

图 6.7　无线网处于连接中的标志

② 打开浏览器，输入“192.168.1.1”（路由器的地址，路由器地址有可能不同），如图 6.8 所示。

③ 进入无线路由器登录页面，输入用户名和密码，一般用户名是“admin”，如图 6.9 所示。

④ 进入无线设置页面，选择“IP 与 MAC 绑定”|“ARP 映射表”选项，如图 6.10 所示。

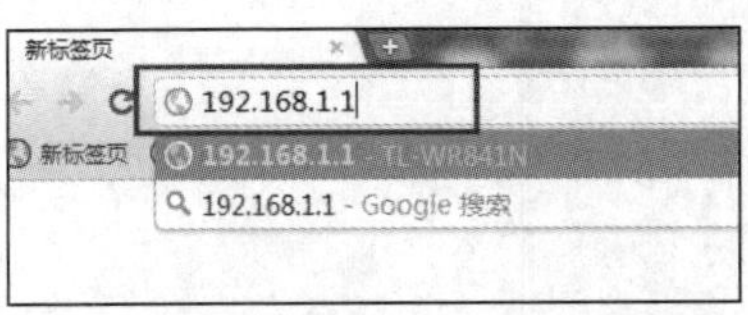

图 6.8　在浏览器中输入路由器的地址

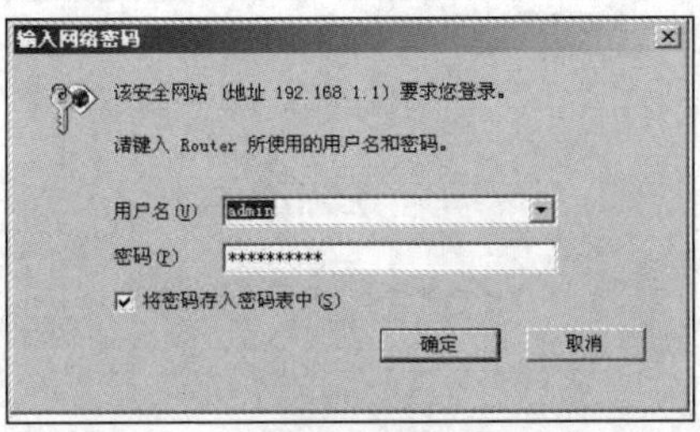

图 6.9　无线路由器登录页面

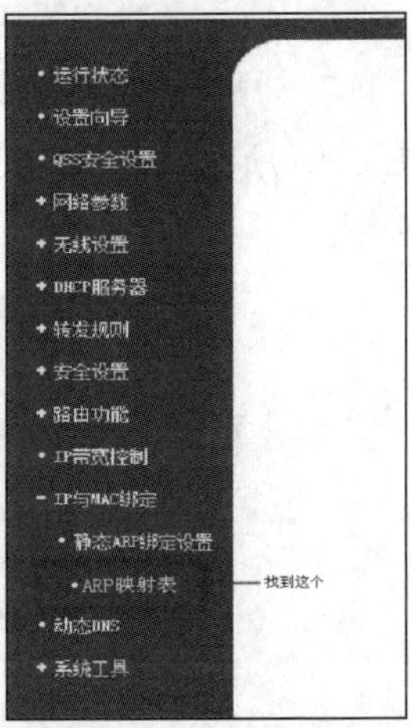

图 6.10　无线设置页面

⑤ 找到本机对应的 IP 地址，其对应的 MAC 地址即为本机无线网卡的 MAC 地址，如图 6.11 所示。

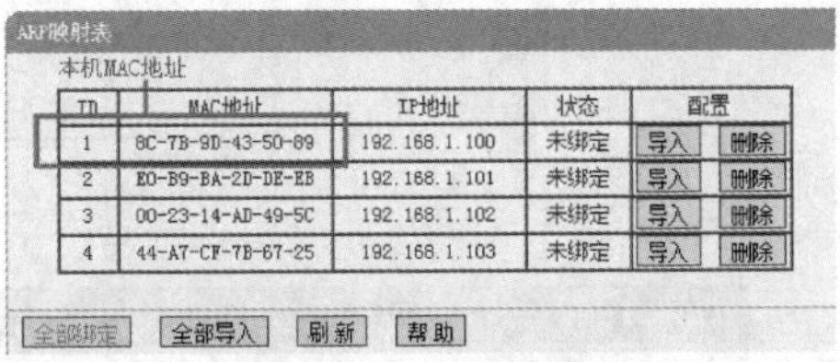

图 6.11　ARP 映射表

⑥ 如果无法辨别具体是哪个，可以把其他设备的无线网暂时断开再查看。

（3）修改 MAC 地址

打开“本地连接 属性”对话框，单击“配置”按钮，在打开的对话框中单击“高级”选项卡，选中“属性”列表框中的网络地址，然后选中“值”区域中的上面一个单选项（非“不存在”单选项），此时便可在右边的文本框中输入想更改的 MAC 地址，形式如“000B6AF6F4F9”，如图 6.12 所示，单击“确定”按钮，完成修改。

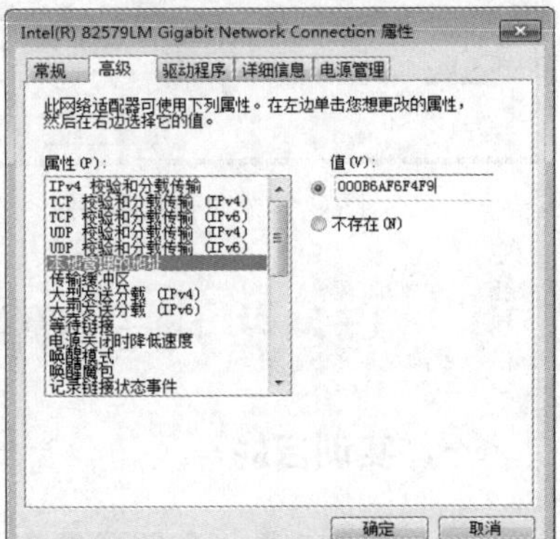

图 6.12　修改 MAC 地址

除了这种修改方法外，还可以通过注册表修改 MAC 地址，有兴趣的同学可以参考其他书籍。

3. IE 浏览器的使用

（1）启动 IE 浏览器

双击桌面上的 IE 浏览器图标，或者选择“所有程序”里的“Internet Explorer”命令，打开 IE 浏览器窗口。

（2）浏览网页信息

在浏览器的地址栏中输入网络地址，访问指定的网站，此时请输入“http://www.*****.com/”，按<Enter>键，访问百度网站，如图 6.13 所示。

（3）收藏网页信息

单击“添加到收藏夹”按钮，收藏当前网页信息，如图 6.14 所示。

（4）设置浏览器主页

在浏览器窗口中，选择“工具”|“Internet 选项”命令，打开“Internet 选项”对话框，如图 6.15 所示。在“常规”选项卡中的“主页”区域中输入具体的网站地址，单击“使用当前页”按钮。

图 6.13　百度网站

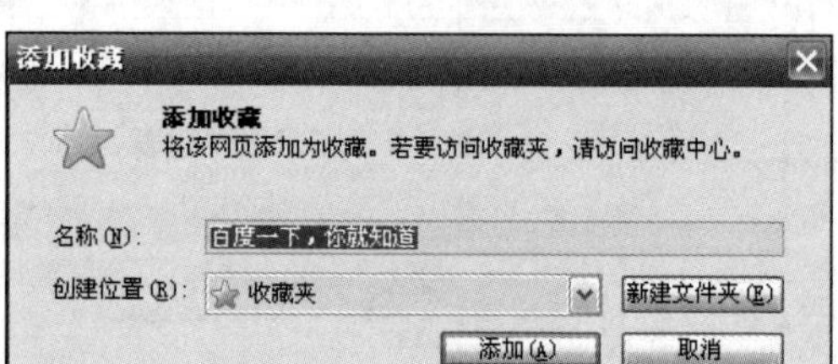

图 6.14　收藏百度网站

图 6.15　修改 IE 浏览器主页

实训项目二　电子邮件的收发与设置

一、实训目的

- 掌握申请一个免费的电子邮箱的方法。

- 掌握简单的电子邮件管理方法。
- 掌握在线收发电子邮件的方法。

二、实训案例

1. 申请一个免费的电子邮箱

利用“网易 126 免费邮”申请一个免费的电子邮箱。

① 在浏览器中输入“http://www.*****.com/”，然后按<Enter>键，进入“网易 126 免费邮”界面，如图 6.16 所示。

② 选择图 6.16 中“登录”按钮下方的“注册网易邮箱”命令，进入“欢迎注册网易邮箱”页面，按要求输入电子邮件地址，如“NITXXX001”，并输入自定义密码及手机号码，如图 6.17 所示。

③ 选中“同意《服务条款》《隐私政策》《儿童隐私政策》”复选框，单击“立即注册”按钮进入“网易 126 免费邮——注册成功!”窗口。

图 6.16　“网易 126 免费邮”首页

图 6.17　注册信息填写

④ 单击“进入邮箱”按钮，可直接进入申请的免费电子邮箱，如图 6.18 所示。

图 6.18　进入免费电子邮箱

2. 电子邮件的收发

① 单击“收件箱”选项，进入收件箱界面，可看到所有收到的电子邮件列表，如图 6.19 所示。

② 单击收件箱中某一个电子邮件主题，即可查看此电子邮件的内容。

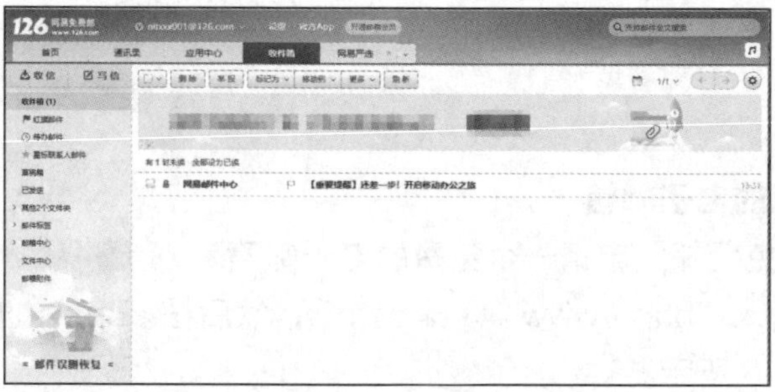

图 6.19　收件箱界面

③ 单击“写信”按钮，进入发送电子邮件界面，如图 6.20 所示。

④ 添加附件。在图 6.20 所示的界面中，选择“添加附件”命令，弹出浏览窗口，如图 6.21 所示。选择要作为附件上传的文件，单击“打开”按钮即可返回图 6.20 所示的界面，若要添加多个附件，可以按照上述步骤，继续选择“添加附件”命令，添加下一个附件。

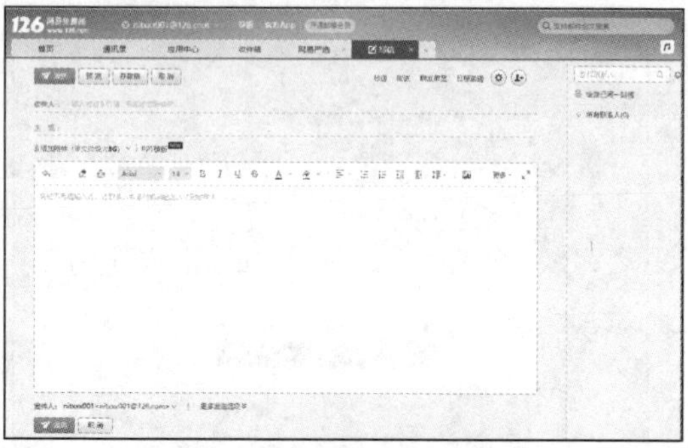

图 6.20　发送电子邮件界面

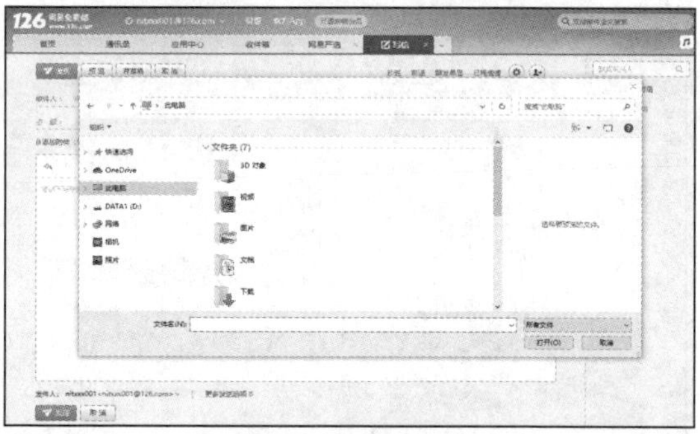

图 6.21　添加附件

⑤ 创建联系人。

单击“通讯录”选项，进入通讯录界面，如图 6.22 所示。单击“新建联系人”按钮，打开“新建联系人”对话框，如图 6.23 所示。输入必须填写的信息并有选择地输入可选择填写的信息，填写完成后单击“确定”按钮，即可成功创建联系人。

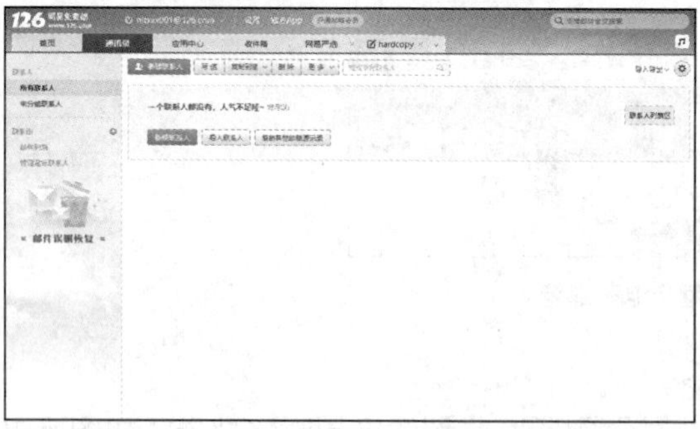

图 6.22　通讯录界面

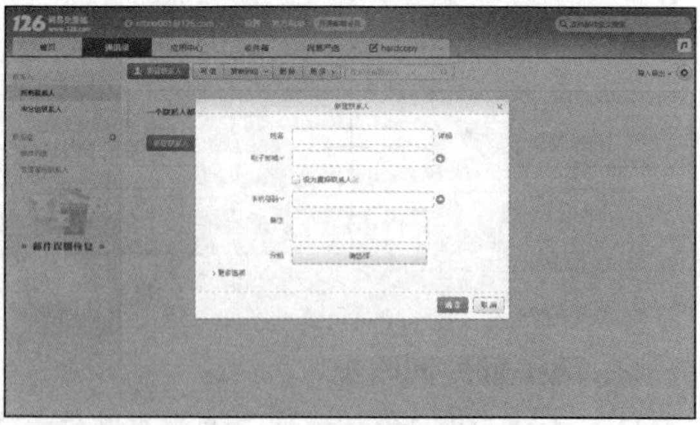

图 6.23　“新建联系人”对话框

第 7 章
数据库基础

07

实训项目一　数据库和表的创建

一、实训目的

- 熟练掌握数据库的创建、打开，以及利用窗体查看数据库的方法。
- 掌握对数据库记录排序、数据查询的方法。
- 掌握对数据表进行编辑、修改，以及创建字段索引的方法。

二、实训内容

1. 设计一个数据库

在 Access 2016 中设计一个合理的数据库，最主要的是设计合理的表及表间的关系。Access 数据库作为数据库基础数据源，是创建一个能够有效、准确、快捷地实现数据库所有功能的基础。

设计一个 Access 数据库，一般要经过以下步骤。

（1）需求分析

需求分析就是对所要解决的实际应用问题做详细的调查，了解所要解决问题的组织机构、业务规则，确定创建数据库的目的，确定数据库要完成哪些操作、数据库要建立哪些对象。

（2）创建数据库

创建一个空的 Access 数据库，命名数据库时，名字要尽量体现数据库的内容，要做到"见名知其意"。

（3）建立数据库中的表

数据库中的表是数据库的基础数据来源。确定需要建立的表是设计数据库的关键，表的好坏直接影响数据库其他对象的设计及使用。

若想设计出能够满足需要的表，就要考虑以下内容。

① 每一张表只能包含一个主题信息。

② 表中不要包含重复信息。

③ 确定表中拥有的字段个数和数据类型。

④ 字段要具有唯一性和基础性，不要包含推导或计算的内容。

⑤ 所有的字段集合要包含描述表主题的全部信息。

⑥ 确定表的主键。

（4）确定表间的关联关系

在多个主题的表间建立关联关系，可使数据库中的数据得到充分利用，同时对于复杂的问题，先将其化解为简单的问题再组合，会使解决问题的过程变得容易。

（5）创建其他数据库对象

设计其查询、报表、窗体、宏、页、模块等数据库对象。

2. 数据库中的对象

在一个 Access 数据库中，有 7 个基本对象，它们负责处理所有数据的保存、检索、显示及更新。这 7 个基本对象是：表、查询、窗体、报表、页、宏及模块。

表（Table）是数据库中用来存储数据的对象，它是整个数据库系统的数据源，也是数据库其他对象的基础。Access 数据库的表提供一个矩阵，矩阵中的每一行称为一条记录，每一行唯一地定义了一个数据集合，矩阵中的若干列称为字段，每个字段存放不同的数据内容，不同字段之间具有一些相关的属性。

Access 2016 中的查询包括选择查询、计算查询、参数查询、交叉表查询、操作查询和 SQL 查询。

报表和窗体都是通过界面设计进行数据定制输出的载体。

3. 创建数据库

创建数据库可以使用以下两种方法。

（1）创建空白数据库

在进入 Access 2016 界面时，选择“可用模板”区域中的“空白数据库”，设置好要创建数据库存储的路径和文件名后，即创建了新的数据库。用户可根据自己的需要任意添加和设置数据库对象。设计完成后，保存设置，返回数据表打开视图，即可按设计好的字段添加记录。

（2）使用模板创建数据库

启动 Access 2016，在“新建”界面中可使用“可用模板”和“Office.com 模板”两种模板来创建数据库。“可用模板”是利用本机上的模板来创建数据库，“Office.com 模板”是登录 Microsoft 网站下载模板来创建新数据库。

选择“可用模板”中的“样本模板”打开本机 Office 样本模板，再选择所需要的类型，然后在右边的“文件名”文本框中输入自定义的数据库文件名，并单击后面的文件夹按钮设置存储位置，然后单击“创建”按钮，系统则根据选中的模板自动创建新数据库，数据库文件的扩展名为“.accdb”。

创建完成后，系统进入按模板新创建的数据库主界面。用户只需单击“新建”按钮即可添加记录。

此时，一个包含表、窗体、报表等数据库对象的数据库创建完成。

4. 数据库的打开与关闭

（1）数据库的打开

Access 2016 提供了 3 种方法来打开数据库，一是在数据库存放的路径下找到需要打开的数据库，直接双击即可打开；二是在 Access 2016 窗口的“文件”选项卡中选择“打开”命令；三是在最近使用过的文档中快速打开需要的数据库。

（2）数据库的关闭

完成对数据库的操作后，便可把数据库关闭。可选择“文件”选项卡中的“关闭数据库”命令，或使用数据库窗口的“关闭”按钮关闭当前数据库。

三、实训案例

1. 案例内容

① 创建“学籍管理”数据库。

“学籍管理”数据库结构如表 7.1 所示。

表 7.1 “学籍管理”数据库结构

学号	姓名	性别	出生日期	班级	政治面貌	本学期平均成绩
2012101	赵一民	男	1990-9-1	计算机 12-4	团员	89
2012102	王林芳	女	1989-1-12	计算机 12-4	团员	67
2012103	夏林	男	1988-7-4	计算机 12-4	团员	78
2012104	刘俊	男	1989-12-1	计算机 12-4	团员	88
2012105	郭新国	男	1990-5-2	计算机 12-4	团员	76
2012106	张玉洁	女	1989-11-3	计算机 12-4	团员	63
2012107	魏春花	女	1989-9-15	计算机 12-4	团员	74
2012108	包定国	男	1990-7-4	计算机 12-4	团员	50
2012109	花朵	女	1990-10-2	计算机 12-4	团员	90

② 删除第 5 个记录，再将其追加进去。

③ 查询数据库中“本学期平均成绩”高于 70 分的学生，并输出其“学号”“姓名”“本学期平均成绩”信息。

④ 将“学籍管理”数据库按“本学期平均成绩”从高到低重新排列并输出报表，报表要显示“学号”“姓名”“性别”“本学期平均成绩”字段。

2. 操作步骤

（1）创建“学籍管理”数据库

创建空白数据库的方法如下。

① 启动 Access 2016，在“文件”选项卡中选择“新建”|“可用模板”|“空白数据库”模板，如图 7.1 所示。在右侧选择该数据库存放的位置，如“D：\”，确定数据库的文件名为“学籍管理.accdb”，再单击“创建”按钮。打开“学籍管理”数据库，新创建的空白数

据库如图 7.2 所示。

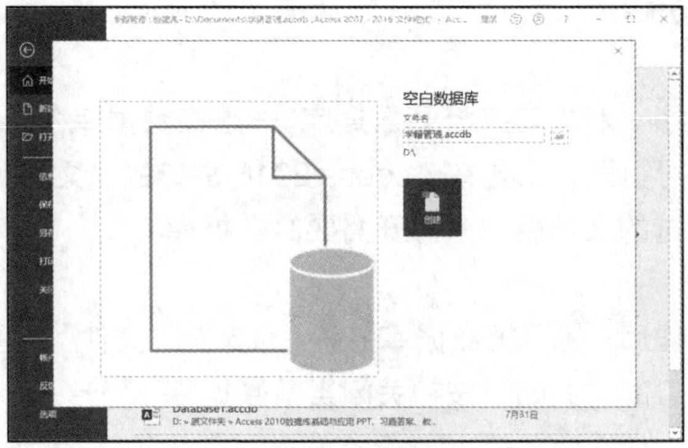

图 7.1　新建“空白数据库”

② 用鼠标右键单击“表 1”，在快捷菜单中选择“重命名”命令，在弹出的“另存为”对话框中输入表的名称为“学生档案”，如图 7.3 所示。

③ 创建表结构。选择“设计”选项卡，定义以下字段：学号________数据类型为数字，字段大小为长整型；姓名________数据类型为短文本，字段大小为 10；性别________数据类型为短文本，字段大小为 4；出生日期________数据类型为日期/时间；班级________数据类型为短文本，字段大小为 10；政治面貌________数据类型为短文本，字段大小为 8；本学期平均成绩________数据类型为数字，字段大小为小数，小数位数为 1。建好的表结构如图 7.4 所示，关闭该表。

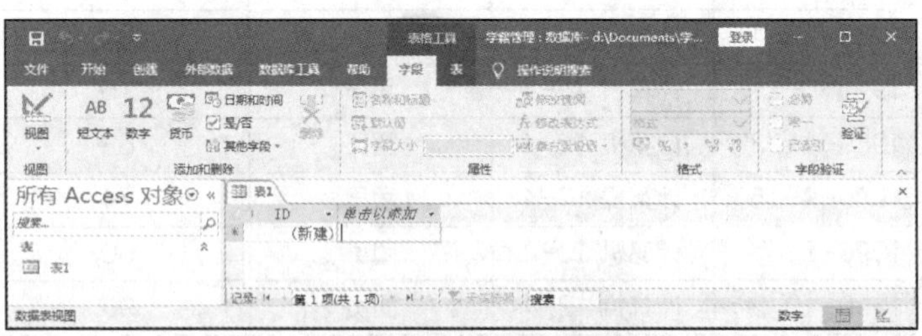

图 7.2　新创建的空白数据库

图 7.3　“另存为”对话框

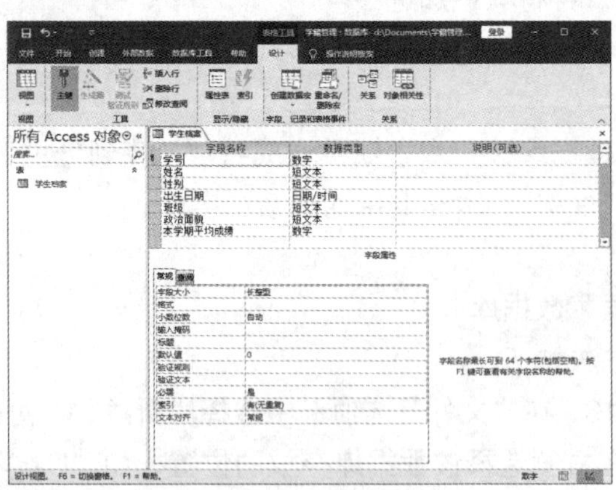

图 7.4　表结构

④ 添加记录。在“学籍管理”数据库窗口中双击“学生档案”数据表，开始录入学生档案信息，如图 7.5 所示。录入完成后选择“文件”|“保存”命令或使用保存工具保存此数据表，然后关闭数据表和数据库。

（2）删除第 5 个记录，再将其追加进去

① 重新打开“学生档案”数据表，选择要删除的记录并在其上单击鼠标右键，在弹出的快捷菜单中选择“删除记录”命令，如图 7.6 所示。

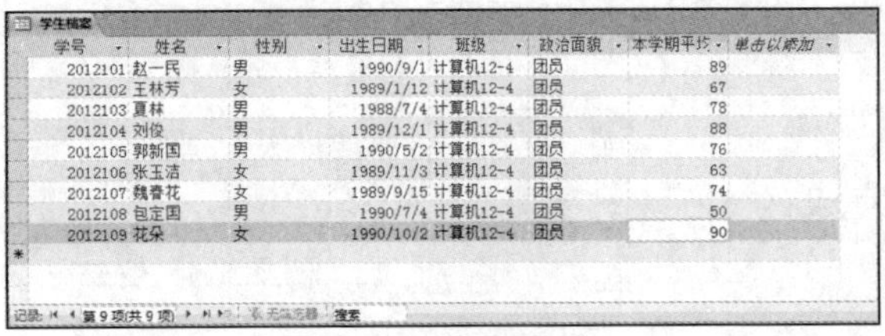

图 7.5　添加记录

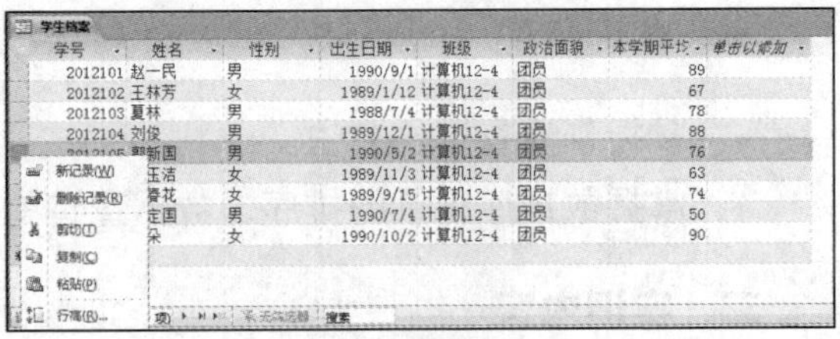

图 7.6　删除记录

② 也可以在数据表的末尾重新添加刚才删除的记录，如果还要让其显示在原来的位置，可以在“学号”所在列单击鼠标右键，选择“升序排列”命令。

（3）查询数据表中“本学期平均成绩”高于 70 分的学生

① 用鼠标右键单击“本学期平均成绩”列，选择“数字筛选器”|“大于”命令，如图 7.7 所示。

② 在弹出的对话框中输入“70”，如图 7.8 所示。

③ 单击“确定”按钮即可得到结果，如图 7.9 所示。

用鼠标右键单击“本学期平均成绩”右边的三角图标，选择“降序”命令，可将“学籍管理”数据库按“本学期平均成绩”从高到低重新排列并输出，报表显示“学号”“姓名”“性别”“本学期平均成绩”字段。

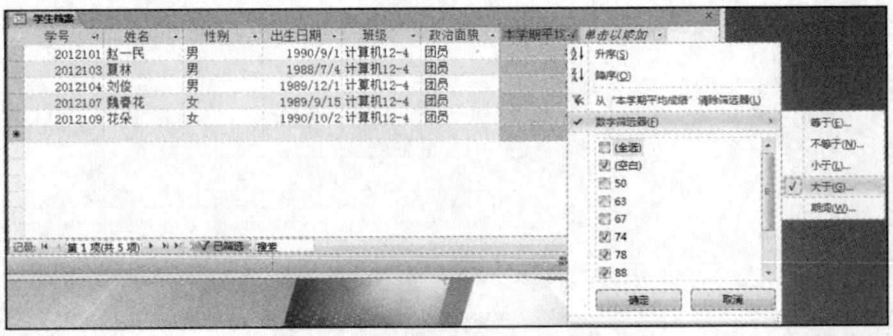

图 7.7　“数字筛选器”子菜单

图 7.8　“自定义筛选”对话框

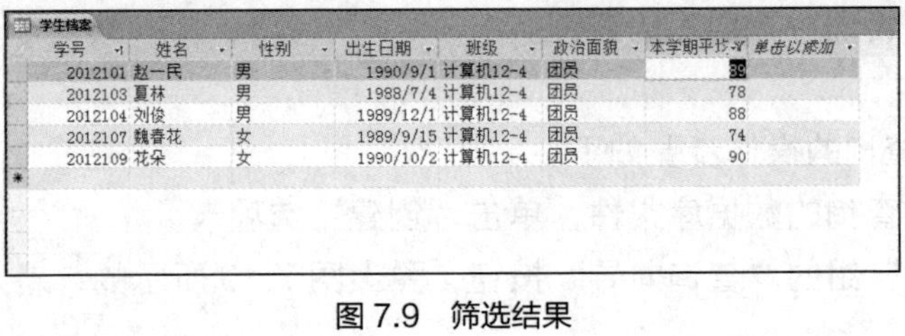

图 7.9　筛选结果

四、实训拓展

① 创建一个学生个人信息表，自由而合理地设计相关信息。

② 创建一个公司通讯录，自由而合理地设计相关信息。

实训项目二 数据库的查询

一、实训目的

- 掌握创建查询的方法。
- 掌握数据库记录的排序、数据查询的方法。

二、实训内容

查询（Query）也是一个“表”，是以表为基础数据源的“虚表”。它可以作为表加工处理后的结果，也可以作为数据库其他对象的数据来源。查询是用来从表中检索所需要的数据，并对表中的数据进行加工的一种重要的数据库对象。查询结果是动态的，以一个表、多个表或查询为基础，创建一个新的数据集作为查询的最终结果。查询不仅可以重组表中的数据，还可以通过计算产生新的数据。

1. 查询的种类

在 Access 2016 中，主要有选择查询、参数查询、交叉表查询、动作查询及 SQL 查询。选择查询主要用于浏览、检索、统计数据库中的数据；参数查询通过运行查询时的参数定义来创建动态查询结果，查找方便而且可以获得更多有用的信息；动作查询主要用于数据库中数据的更新、删除及生成新表，使得维护数据库中的数据更便利；SQL 查询是通过 SQL 语句创建的选择查询、参数查询、数据定义查询及动作查询。

2. 怎样获得查询

① 使用向导创建查询。

② 使用查询设计器创建查询。

三、实训案例

1. 案例内容

① 创建“学籍管理”数据库，其表结构如实训项目一中的表 7.1 所示。

② 创建“学籍管理”数据库的查询。

2. 操作步骤

使用向导创建查询的操作步骤如下。

① 打开要创建查询的数据库文件，单击“创建”选项卡。

② 单击“查询”组的“查询向导”按钮，弹出图 7.10 所示的“新建查询”对话框。

③ 在打开的“新建查询”对话框中选择一种查询向导类型，一般选择“简单查询向导”，单击“确定”按钮。以下是创建“简单查询向导”的步骤。

④ 在弹出的图 7.11 所示的“简单查询向导”对话框中，单击 >> 按钮将“可用字段”列表框中显示的表中的所有字段添加到“选定字段”列表框中，也可以选中某个可用字段，单击 > 按钮将其添加到“选定字段”列表框中。

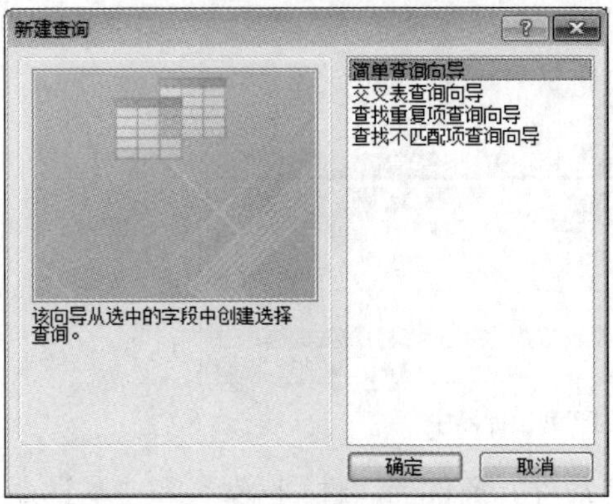

图 7.10 “新建查询”对话框

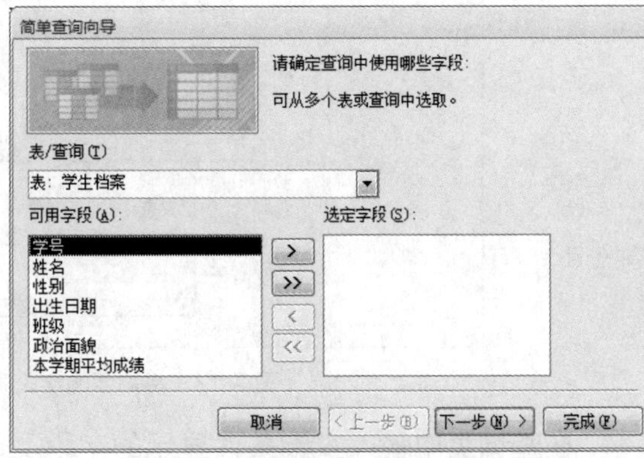

图 7.11 “简单查询向导”对话框

⑤ 完成后，单击“下一步”按钮，出现图 7.12 所示的提示框。

⑥ 选中默认状态下的“明细（显示每个记录的每个字段）”单选项，单击“下一步”按钮；若选中“汇总”单选项，则单击“汇总选项”按钮，选择需要计算的汇总值，单击“确定”按钮，再单击“下一步”按钮。在“请为查询指定标题”文本框中输入标题，单击“完成”按钮就完成了查询的创建。

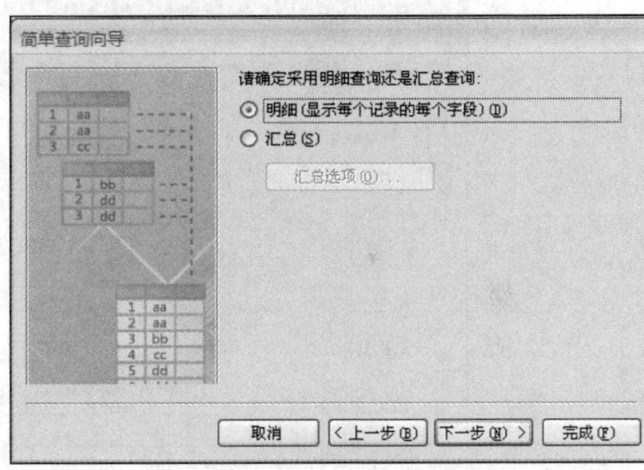

图 7.12 选择提示框

使用查询设计器创建查询的操作步骤如下。

① 打开要创建查询的数据库文件，单击“创建”选项卡，在“查询”组中单击“查询设计”按钮，弹出“显示表”对话框。

② 在对话框中选择要创建查询的表，分别单击“添加”按钮，将其添加到“查询 1”选项卡的文档编辑区中，单击“关闭”按钮。

③ 在表中分别选中需要的字段，将它们依次拖动到查询设计器的“字段”行中，添加完字段后，在“表”行中会自动显示该字段所在表的名称，如图 7.13 所示。

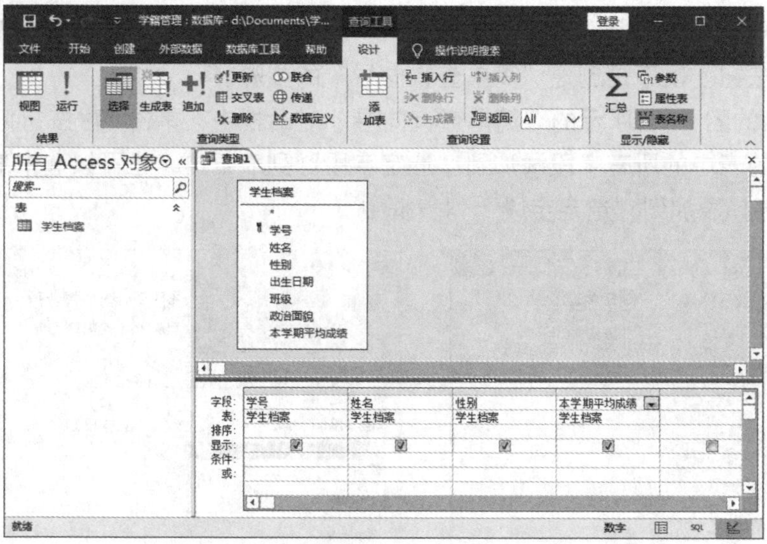

图 7.13　将需要的字段添加到查询设计器中

④ 在查询页中输入查询条件显示的字段及查询条件，条件为“性别=女”和“本学期平均成绩>70”，如图 7.14 所示。

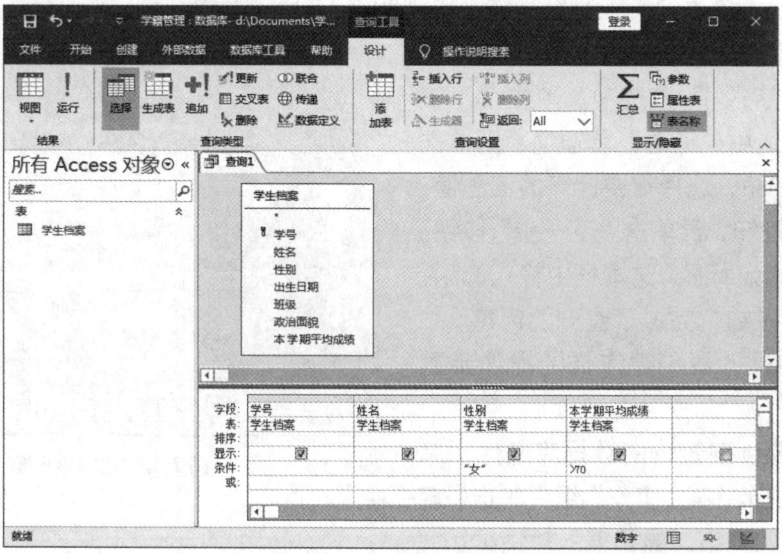

图 7.14　查询条件

⑤ 用鼠标右键单击“查询 1”选项卡，在弹出的快捷菜单中选择“保存”命令，弹出“另存为”对话框，在对话框的“查询名称”文本框中输入名称，如“成绩查询”，单击“确定”按钮，则建立了一个成绩查询表。

关闭该对话框。在查询页上可以看到已经保存的成绩查询表，双击“成绩查询”选项卡即可查看查询结果，如图 7.15 所示。

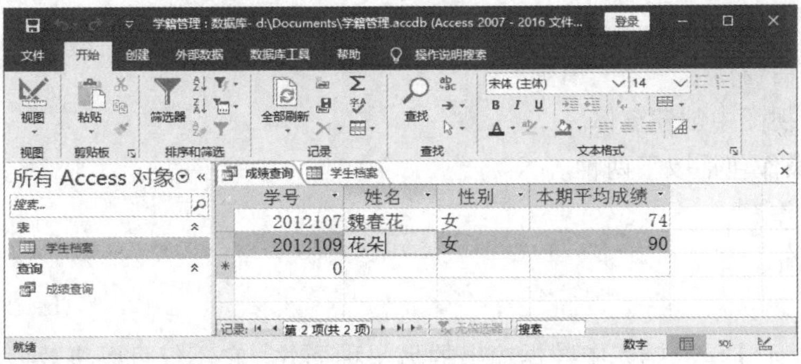

图 7.15　查询结果

四、实训拓展

① 创建一个学生个人信息表，建立对该表的相关查询。

② 建立对一个公司通讯录的相关查询。

实训项目三　窗体与报表的操作

一、实训目的

- 掌握创建窗体和报表的方法。
- 熟练掌握对窗体和报表进行的操作。

二、实训内容

1. 窗体

窗体（Form）是 Access 数据库中最重要的一种数据库对象，它是用户对数据库中的数据进行操作时最理想的工作界面，为数据的输入、修改和查看提供了一种灵活简便的方法。可以使用窗体来控制对数据的访问，如显示哪些字段或数据行。也可以说，有了窗体这一数据库对象，才使得用户对数据库进行操作的界面更美观、内容更丰富，特别是对备注型字段数据的输入、OLE 字段数据的浏览更方便、快捷，窗体背景与前景内容的设置给用户提供一个非常有亲和力的数据库操作环境。

窗体作为 Access 数据库的重要组成部分，是联系数据库与用户的桥梁。以窗体作为输入界面时，它可以接收用户的输入，判定其有效性、合理性，并具有一定响应消息并执行的功能。以窗体作为输出界面时，它可以输出一些记录集中的文字、图形、图像，还可以播放声音、视频动画，实现对数据库中多媒体数据的处理。

创建窗体通过“创建”选项卡中的“窗体”组来完成。创建窗体的方法有以下几种。

① 快速创建窗体。

② 通过窗体向导创建窗体。

③ 创建分割窗体。

④ 创建多个项目窗体。

⑤ 创建空白窗体。

⑥ 在设计视图中创建窗体。

对窗体的操作包括以下两种。

① 控件操作。

② 记录操作。

2. 报表

报表（Report）是数据库中数据输出的另一种形式。它不仅可以将数据库中数据分析、处理的结果通过打印机输出，还可以对要输出的数据进行分类小计、分组汇总等操作。在数据库管理系统中，使用报表会使数据处理的结果多样化。报表也是 Access 数据库的重要组成部分，是以打印格式显示数据的可视性表格，可以通过它控制每个对象的显示方式和大小。

创建报表的方法如下。

① 快速创建报表。

② 创建空报表。

③ 通过报表向导创建报表。

④ 在设计视图中创建报表。

三、实训案例

1. 窗体的创建

（1）快速创建窗体

快速创建窗体的方法为：打开要创建窗体的数据库文件，选择“创建”选项卡，在“窗体”组单击“窗体”按钮即可。

（2）通过窗体向导创建窗体

在窗体向导的提示下，根据用户选择的数据源表或查询、字段、窗体的布局、样式自动创建窗体。通过窗体向导可以创建出更为专业的窗体，创建方法如下。

① 打开要创建窗体的数据库文件，选择“创建”选项卡，单击“窗体”组中的“窗体向导”按钮。

② 在弹出的“窗体向导”对话框的“可用字段”列表框中选择需要的字段，单击右箭头按钮；如果要选择全部可用字段，则单击双右箭头按钮。将选中的可用字段添加到“选定字段”列表框中，如图 7.16 所示。

③ 单击“下一步”按钮，在对话框中选择合适的布局，如“纵栏表”布局，单击“下一步”按钮，出现图 7.17 所示的对话框。在对话框中选择合适的样式并输入标题，单击“完成”按钮即可。

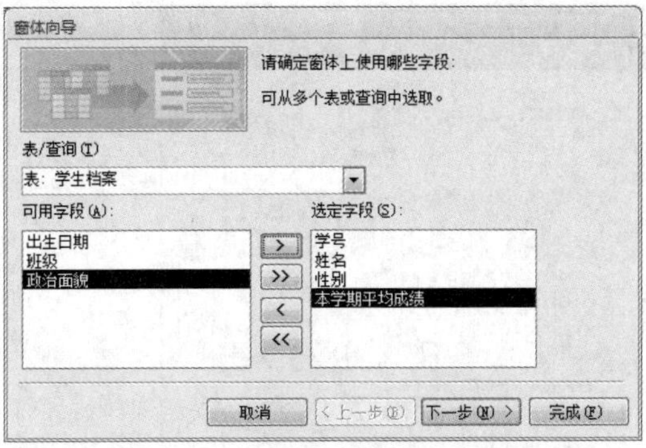

图 7.16 “窗体向导”对话框

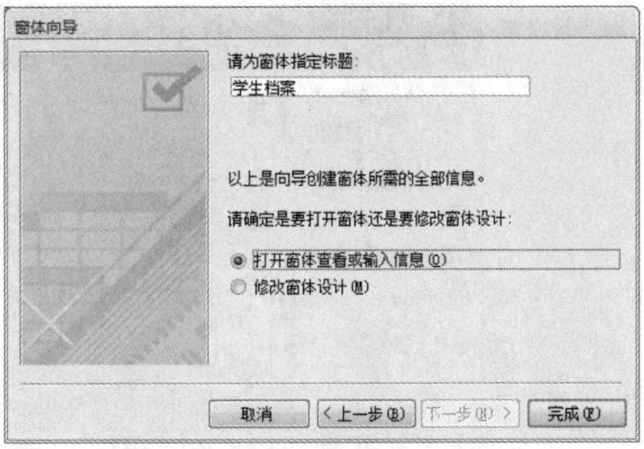

图 7.17 设置窗体样式和标题

(3) 创建分割窗体

分割窗体是 Access 2016 中的新增功能，其特点是可以同时显示数据的两种视图，即窗体视图和数据表视图。创建分割窗体的方法如下。

① 打开要创建分割窗体的数据库文件，选择“创建”选项卡，单击“窗体”组中的“其他窗体”按钮，选择下拉列表中的“分割窗体”命令。

② Access 2016 可以自动创建出包含源数据所有字段的窗体，并以窗体视图和数据表视图两种视图显示窗体，如图 7.18 所示。

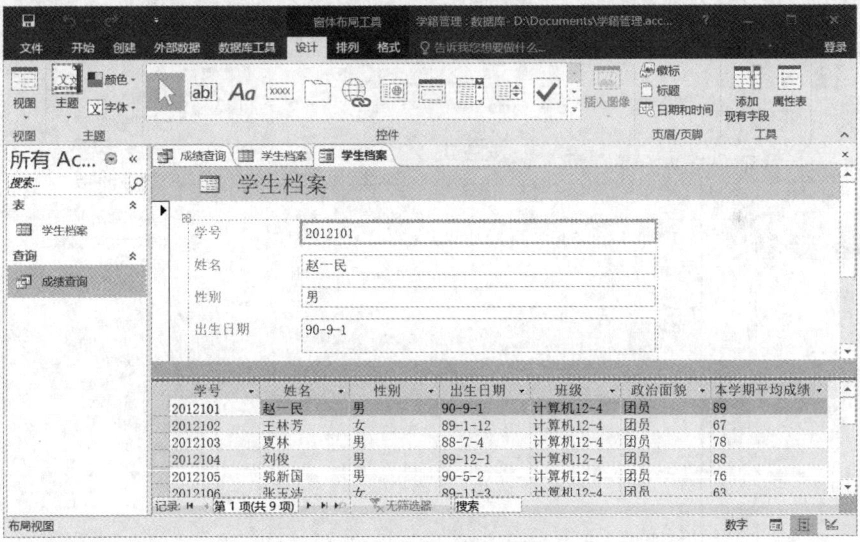

图 7.18 创建的分割窗体

(4) 创建多个项目窗体

普通窗体中一次只显示一条记录，但是如果需要一个可以显示多个记录的窗体，就可以使用多项目工具创建多个项目窗体，创建方法如下。

① 打开要创建窗体的数据库文件，选择“创建”选项卡，单击“窗体”组中的“其他窗体”按钮，选择下拉列表中的“多个项目”命令。

② Access 2016 将自动创建出同时显示多条记录的窗体，如图 7.19 所示。

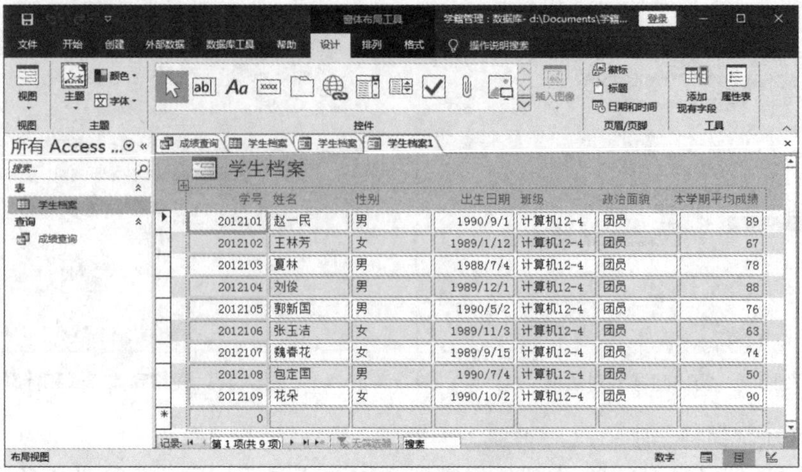

图 7.19　创建的多个项目窗体

（5）创建空白窗体

创建空白窗体的方法如下。

① 打开要创建窗体的数据库文件，选择“创建”选项卡，单击“窗体”组中的“空白窗体”按钮，创建出图 7.20 所示的空白窗体。

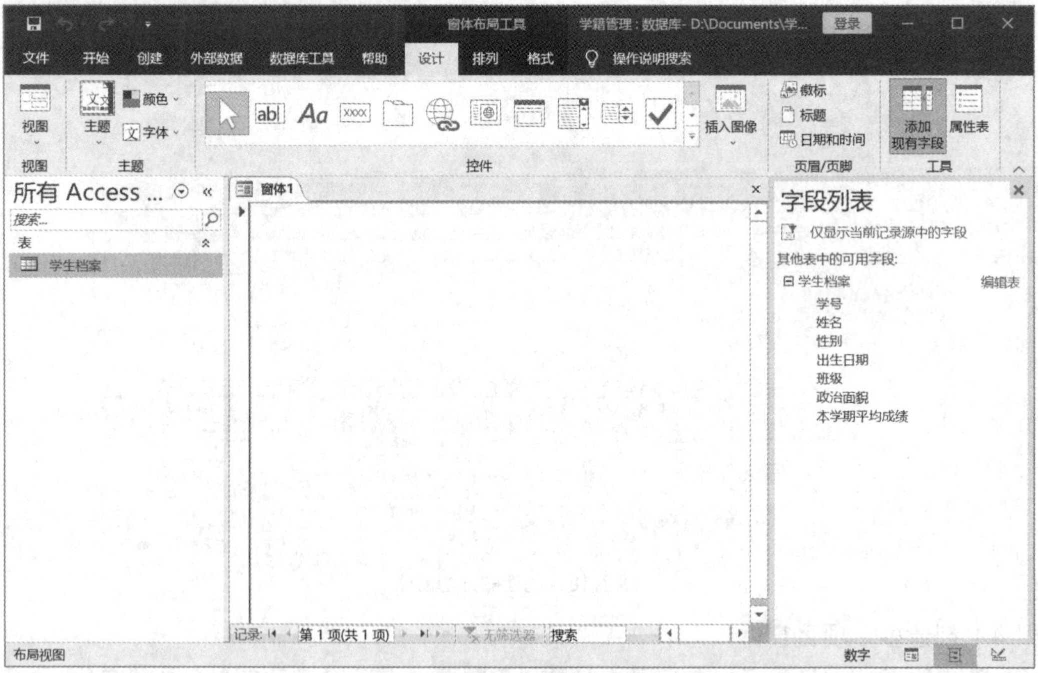

图 7.20　创建的空白窗体

② 在窗口右侧显示的“字段列表”窗格的“其他表中的可用字段”列表框中选择需要的字段。按住鼠标左键不放，将选择的字段拖动到空白窗体中，释放鼠标。添加需要的字段后显示结果如图 7.21 所示。

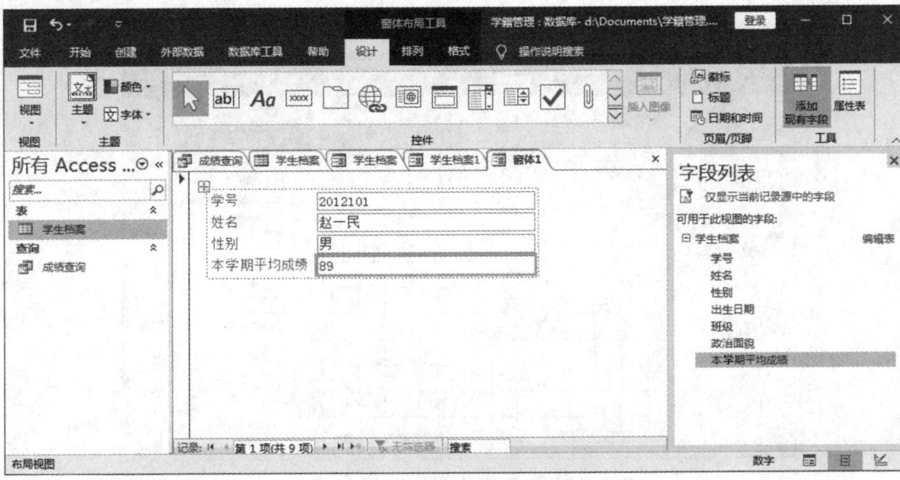

图 7.21　添加完字段的空白窗体

（6）在设计视图中创建窗体

在设计视图中可以对窗体内容的布局等进行调整，而且可以添加窗体的页眉和页脚等部分。创建方法如下。

① 打开要创建窗体的数据库文件，选择“创建”选项卡，单击“窗体”组中的“窗体设计”按钮，出现图 7.22 所示的带有网格线的空白窗体。

② 在窗体的右侧出现了“字段列表”窗格，在“其他表中的可用字段”列表框中选择需要的字段。将字段拖动到窗体中合适的位置，释放鼠标即可，如图 7.23 所示。

③ 当把需要的字段都放到窗体中，然后单击界面右下方视图栏中的“窗体视图”按钮，就可以查看窗体中的内容了。

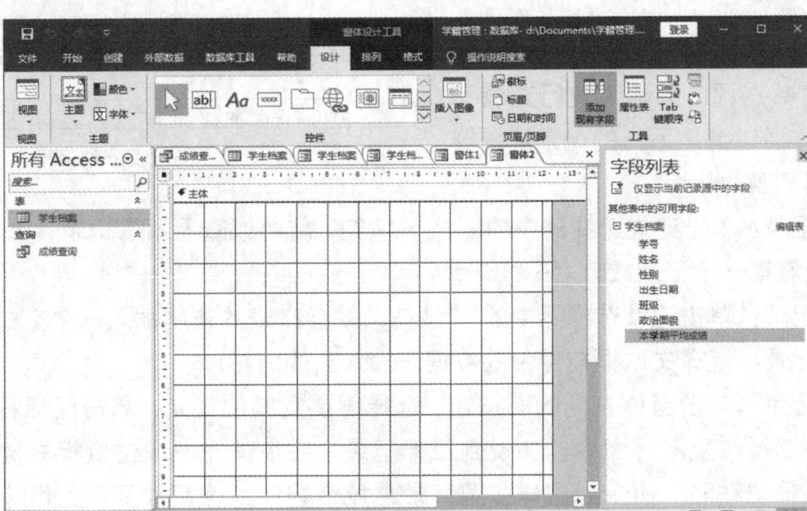

图 7.22　在设计视图中创建的窗体

图 7.23　把需要的字段拖动到窗体中

2. 对窗体的操作

用户可以对窗体进行操作，主要是指对控件的操作和对记录的操作。窗体中的文本框、图像及标签等对象被称为控件，用于显示数据和执行操作，用户可以通过控件来查看信息和调整窗体中信息的布局。利用窗体还可以查看数据源中的任何记录，也可以对数据源中的记录进行插入、修改等操作。

（1）控件操作

控件操作主要包括调整控件的高度和宽度、添加控件、删除控件等。这些操作可以通过单击数据库窗口右下方视图栏中的“布局视图”按钮在布局视图中进行，也可以通过单击“设计视图”按钮在设计视图中进行。

（2）记录操作

记录操作主要包括浏览记录、插入记录、修改记录、复制记录及删除记录等，通过这些操作就可以对数据源中的信息进行查看和编辑，这些操作通过窗体下方的记录选择器来完成，如图 7.24 所示。

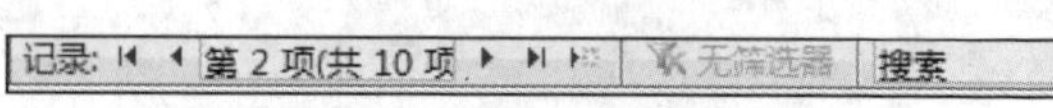

图 7.24　记录选择器

- 浏览记录：单击记录选择器中的◀或▶按钮，就可以查看所有记录；单击⏮或⏭按钮，就可以查看第一条记录或最后一条记录。
- 插入记录：单击记录选择器中的▶*按钮，就会在表的末尾插入一个空白的新记录。
- 修改记录：选择文本框控件中的数据，输入新的内容。
- 复制记录：单击窗体左侧的▶按钮，选择需要复制的记录，单击鼠标右键，在弹出的快捷菜单中选择“复制”命令；切换到目标记录，在窗体左侧单击鼠标右键，在弹出的快捷菜单中选择“粘贴”命令。这样，源记录中每个控件的值都被复制到目标记录的对应控件中。

- 删除记录：单击窗体左侧的▶按钮，选择要删除的整条记录，按<Delete>键或者单击“开始”选项卡中“记录”组的“删除”按钮。

3. 报表的创建

创建报表的方法如下。

（1）快速创建报表

打开要创建报表的数据库文件，选择“创建”选项卡，单击“报表”组中的“报表”按钮，Access 2016 就会自动创建报表。

（2）创建空报表

创建空报表的方法很简单，具体步骤如下。

① 打开要创建报表的数据库文件，选择“创建”选项卡，单击“报表”组中的“空报表”按钮。

② Access 2016 将创建出没有任何内容的空报表，可以按照在空白窗体中添加字段的方法为报表添加字段，如图 7.25 所示。

图 7.25 添加了两个字段的报表

（3）通过报表向导创建报表

通过报表向导创建报表的方法如下。

① 打开要创建报表的数据库文件，选择“创建”选项卡，单击“报表”组中的“报表向导”按钮。

② 在弹出的“报表向导”对话框的“可用字段”列表框中选择需要的字段添加到“选定字段”列表框中，单击“下一步”按钮，打开图 7.26 所示的对话框。

③ 在左侧的列表框中选择字段，单击[>]按钮将其添加到右侧的列表框中，这样，选择的字段就会出现在右侧列表框的最上面，如图 7.27 所示。

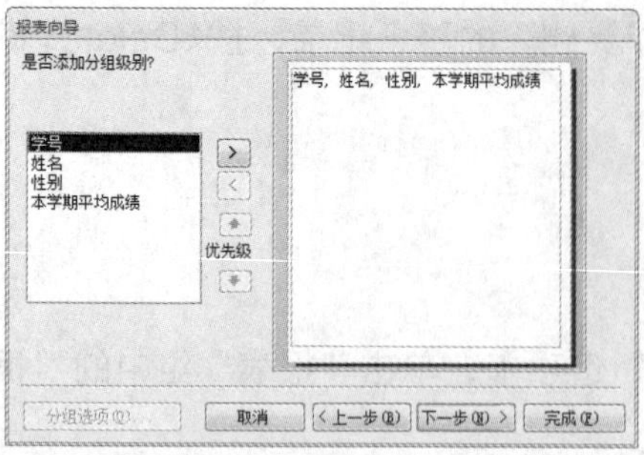

图 7.26 “报表向导”对话框

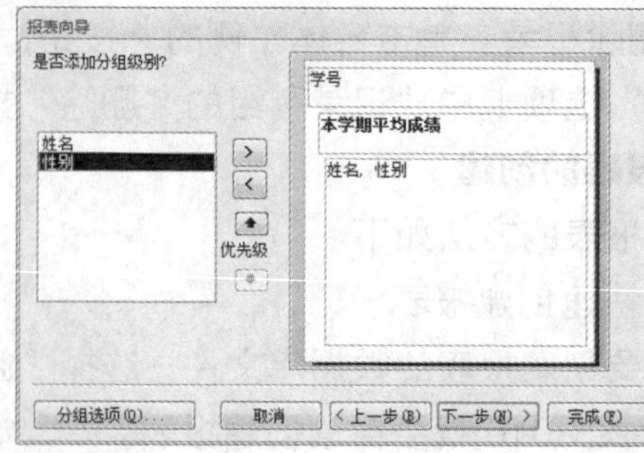

图 7.27 添加字段

④ 单击“下一步”按钮，在对话框中选择合适的布局方式和方向。

⑤ 单击“下一步”按钮，在对话框中选择合适的样式。

⑥ 单击“下一步”按钮，在对话框中输入标题，单击“完成”按钮，完成报表的创建。

（4）在设计视图中创建报表

在设计视图中创建报表的方法如下。

① 打开要创建报表的数据库文件，选择“创建”选项卡，单击“报表”组中的“报表设计”按钮，Access 2016 就会创建出带有网格线的报表。

② 在报表右侧出现“字段列表”窗格，从“字段列表”窗格中把需要的字段拖动到带有网格线的报表中。

③ 然后单击视图栏中的“报表视图”按钮，切换到报表视图就可以查看报表。

四、实训拓展

① 创建“学籍管理”数据库，其表结构如实训项目一中的表 7.1 所示。

② 为“学籍管理”数据库创建窗体：任选上述方法中的一种来创建窗体。

③ 为“学籍管理”数据库创建合适的报表，在“报表向导”对话框中将要显示的“学号”“姓名”“性别”“本学期平均成绩”字段选中后单击两次“下一步”按钮，在所处对话框中选择按“本学期平均成绩”降序排列，单击“完成”按钮后即可显示出报表结果，如图 7.28 所示。将该报表保存并打印。

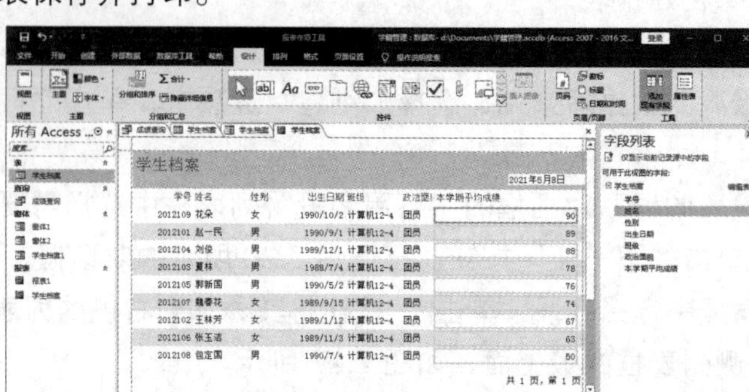

图 7.28 报表结果

第二部分　全国计算机等级考试二级公共基础知识概述

第 8 章 数据结构与算法

08

8.1 算法

8.1.1 算法的基本概念

算法是指对解题方案的准确而完整的描述。简单地说，就是解决问题的操作步骤。

值得注意的是，算法不等于数学上的计算方法，也不等于程序。在用计算机解决实际问题时，往往先设计算法，用某种表达方式（如流程图）描述算法，然后再用具体的程序设计语言描述此算法（即编程）。在编程时由于受到计算机系统运行环境的限制，因此编写的程序通常不可能优于设计的算法。

1. 算法的基本特征

一般来说，一个算法应具有以下 4 个基本特征。

（1）可行性（Effectiveness）

算法在特定的环境中执行，应当能够得出令人满意的结果，即必须有一个或多个输出。

（2）确定性（Definiteness）

算法中的每一个步骤都必须有明确的定义，不允许有模棱两可的解释和多义性。

（3）有穷性（Finiteness）

算法必须在有限时间内结束，即算法必须能在执行了有限个步骤之后终止。

（4）拥有足够的数据

要使算法有效，必须为算法提供足够的数据。当算法拥有足够的数据时，此算法才是有效的；当提供的数据不够时，算法可能无效。

2. 算法的基本要素

通常，一个算法由以下两种基本要素组成。

① 对数据对象的运算和操作。

② 算法的控制结构。

（1）对数据对象的运算和操作

通常，计算机可以执行的基本操作是以指令的形式描述的。一个计算机系统能执行的所有指令的集合，称为该计算机系统的指令系统。计算机程序就是按解题要求从计算机指令系统中选择合适的指令所组成的指令序列。

在一般的计算机系统中，基本的运算和操作有 4 类，如表 8.1 所示。

表 8.1　4 类基本的运算和操作

运算类型	操　作	实　例
算术运算	+、−、×、÷	$a+b$、3−1
逻辑运算	与（&）、或（‖）、非（!）	!1、1‖0、1&1
关系运算	>、<、=、≠	$a>b$、$a=c$、$b\neq c$
数据传输	赋值、输入、输出	$a=0$、$b=3$

（2）算法的控制结构

一个算法的功能不仅取决于所选用的操作，还与各操作之间的执行顺序有关。算法中各操作之间的执行顺序称为算法的控制结构。

算法的控制结构给出了算法的基本框架，它不仅决定了算法中各操作的执行顺序，而且直接反映了算法的设计是否符合结构化原则。描述算法的工具通常有传统流程图、N-S 结构化流程图、算法描述语言等。一个算法一般由顺序、选择和循环 3 种基本控制结构组合而成。

3. 算法设计的基本方法

虽然算法设计是一项非常困难的工作，但是算法设计也不是无章可循，人们经过实践，总结和积累了许多行之有效的方法。常用的几种算法设计方法有列举法、归纳法、递推法、递归法、减半递推法和回溯法。

4. 算法设计的基本要求

通常，一个好的算法应实现以下目标。

（1）正确性（Correctness）高

正确性大体可以分为以下 4 个层次。

① 算法设计正确，程序不含语法错误。

② 算法设计正确，程序对于几组输入数据能够得出满足规格说明要求的结果。

③ 算法设计正确，程序对于精心选择的典型、苛刻而带有刁难性的几组输入数据能够得出满足规格说明要求的结果。

④ 算法设计正确，程序对于一切合法的输入数据都能产生满足规格说明要求的结果。

（2）可读性（Readability）好

算法的作用主要是方便人的阅读与交流，其次才是执行。可读性好有助于用户理解算法；隐晦的算法易于隐藏较多错误，难以调试和修改。

（3）鲁棒性（Robustness）好

当输入非法数据时，算法应能适当地做出反应或进行处理，而不会产生莫名其妙的输出结果。

（4）效率高与存储量需求低

程序执行时，对于同一个问题如果有多个算法可以解决，执行时间短的算法效率高；存储量需求指算法执行过程中所需要的最大存储空间。

8.1.2 算法的复杂度

算法的复杂度是算法效率的度量指标，是评价算法优劣的重要依据。

算法的复杂度包括算法的时间复杂度和算法的空间复杂度。

1. 算法的时间复杂度

算法的时间复杂度是指执行算法所需要的计算工作量。

为了能够比较客观地反映出一个算法的效率，在度量一个算法的计算工作量时，不仅应该忽略所使用的计算机、程序设计语言及程序编写者，还应该忽略算法实现过程中的许多细节。

算法的计算工作量是用算法所执行的基本运算次数来度量的，而算法所执行的基本运算次数是问题规模（通常用整数 n 表示）的函数，即：

$$算法的计算工作量=f(n)$$

例如，在 $N\times N$ 矩阵的算法中，整个算法的执行时间与该基本操作（乘法）重复执行的次数 n^3 成正比，也就是算法的时间复杂度为 n^3，即：

$$f(n)=O(n^3)$$

在有的情况下，算法中的基本操作重复执行的次数还随问题的输入数据集不同而不同。例如，在冒泡排序的算法中，当要排序的数组 a 的初始序列为自小至大有序序列时，基本操作的执行次数为 0；当初始序列为自大至小有序序列时，基本操作的执行次数为 $n(n-1)/2$。对于这类算法，可以采用平均性态和最坏情况复杂性两种方法来分析。

2. 算法的空间复杂度

算法的空间复杂度是指执行这个算法所需要的存储空间。

一个算法所占用的存储空间包括算法程序所占的存储空间、输入的初始数据所占的存储空间，以及算法执行过程中所需要的额外存储空间。其中，额外存储空间包括算法程序执行过程中的工作单元及某种数据结构所需要的附加存储空间。如果额外存储空间相对于问题规模来说是常数，则称该算法是“原地工作”的。在许多实际问题中，为了减少算法所占的存储空间，通常采用压缩存储技术，以便尽量减少不必要的额外存储空间。

8.2 数据结构

8.2.1 数据结构的定义

数据结构是计算机科学与技术领域广泛使用的一个基本术语，用来反映数据的内部构成。在给出数据结构的定义之前，我们先弄清楚以下几个概念。

- 数据（Data）是对客观事物的符号表示，在计算机科学中是指所有能输入计算机中并被计算机程序处理的符号的总称。
- 数据元素（Data Element）是数据的基本单位，在计算机程序中通常作为一个整体进行考虑和处理。
- 数据对象（Data Object）是性质相同的数据元素的集合，是数据的一个子集。

简单地说，数据结构（Data Structure）是指相互关联的数据元素的集合，即数据的组织形式。所谓结构，就是指数据元素之间的前后件关系。

例如，在考虑一日三餐的时间顺序关系时，早餐是午餐的前件，午餐是早餐的后件；同样，午餐是晚餐的前件，晚餐是午餐的后件。

又如，在考虑学历的顺序关系时，小学是初中的前件，初中是小学的后件；同样，初中是高中的前件，高中是初中的后件。

前后件关系是数据元素之间的一个基本关系，但前后件关系所表示的实际意义随具体对象的不同而不同。一般来说，数据元素之间的任何关系都可以用前后件关系来描述。

数据结构有两个要素——“数据”和“结构”，它们是紧密联系在一起的，“数据”是有结构的数据，而不是无关联的、松散的数据；而“结构”就是数据元素间的关系，是由数据的特性所决定的。

数据结构作为计算机的一门学科，主要研究和讨论以下 3 个方面的问题。

① 数据集合中各数据元素之间所固有的逻辑关系，即数据的逻辑结构。

② 在对数据元素进行处理时，各数据元素在计算机中的存储关系，即数据的存储结构。

③ 对各种数据结构进行的运算。

讨论以上问题是为了提高数据处理的效率，即提高数据处理的速度，以及尽量节省在数据处理过程中所占用的计算机存储空间。

1．数据的逻辑结构

由数据结构的定义可知，一个数据结构应包含以下两方面的信息。

① 表示数据元素的信息。

② 各数据元素之间的前后件关系。

在此定义中，并没有考虑数据元素的存储过程，所以上述的数据结构实际上是数据的逻辑结构。

数据的逻辑结构是对数据元素之间的逻辑关系的描述，它可以用一个数据元素的集合和定义在此集合中的若干关系来表示。

数据的逻辑结构有两个要素：一是数据元素的集合，通常记为 D；二是 D 上的关系，它反映了数据元素之间的前后件关系，通常记为 R。一个数据结构可以表示为：

$$B=(D,R)$$

其中，B 表示数据结构。为了反映 D 中各数据元素之间的前后件关系，一般用二元组来表示数据结构。

例如，把一日三餐看作一个数据结构，则可表示为：

$$B=(D,R)$$
$$D=\{早餐,午餐,晚餐\}$$
$$R=\{(早餐,午餐),(午餐,晚餐)\}$$

数据的逻辑结构包括线性结构图、树形结构图、网状结构图和集合图 4 种。

2. 数据的存储结构

数据的逻辑结构在计算机存储空间中的存放形式称为数据的存储结构，也称为数据的物理结构。在进行数据处理时，被处理的各数据元素总是被存放在计算机的存储空间中，而且各数据元素在计算机存储空间中的位置关系与它们的逻辑关系可能不同。

由于数据元素在计算机存储空间中的位置关系可能与逻辑关系不同，因此，为了表示存放在计算机存储空间中的各数据元素之间的逻辑关系（即前后件关系），在数据的存储结构中，不仅要存放各数据元素的信息，还需要存放各数据元素之间的前后件关系的信息。

一种数据的逻辑结构根据需要可以表示成多种存储结构，常用的存储结构有顺序、链接、索引等。而采用不同的存储结构，其数据处理的效率是不同的。因此，在进行数据处理时，选择合适的存储结构是很重要的。

8.2.2 数据结构的图形表示

数据结构除了用二元组表示外，还可以用图形直观地表示，如图 8.1 所示。

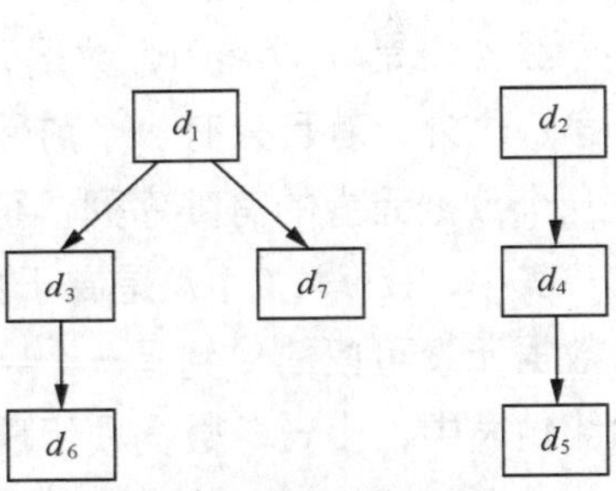

图 8.1 数据结构的图形表示

在数据结构的图形表示中，对于数据集合 D 中的每一个数据元素，用中间标有元素值的方框表示，一般称为数据节点，简称节点；为了进一步表示各数据元素之间的前后件关系，对于关系 R 中的每一个二元组，用一条有向线段从前件节点指向后件节点。

在数据结构中，没有前件的节点称为根节点(d_1，d_2)；没有后件的节点称为终端节点，也称为叶子节点(d_5，d_6，d_7)。

一个数据结构中的节点可能是在动态变化的。在处理过程中根据需要，可以在一个数据结构中增加一个新节点（称为插入运算），也可以删除数据结构中的某个节点（称为删除运算）。插入与删除是对数据结构的两种基本运算。除此之外，对数据结构的运算还有查找、分类、合并、分解、复制、修改等。

8.2.3 线性结构与非线性结构

如果一个数据结构中一个数据元素都没有，则称该数据结构为空的数据结构。在只有一个数据元素的数据结构中，删除该数据元素，就得到一个空的数据结构；在一个空的数据结构中插入一个新的数据元素后该数据结构就变成非空的数据结构。

根据数据结构中各数据元素之间前后件关系的复杂程度，数据结构一般分为两大类型：线性结构与非线性结构。

如果一个非空的数据结构满足下列两个条件。

① 有且只有一个根节点。

② 每一个节点最多有一个前件，也最多有一个后件。

则称该数据结构为线性结构。

线性结构又称为线性表。由此可见，在线性结构中，各数据元素之间的前后件关系是很简单的。

需要特别说明的是，在一个线性结构中插入或删除任何一个节点后，该线性结构还是线性的。

如果一个数据结构不是线性结构，则称其为非线性结构。在非线性结构中，各数据元素之间的前后件关系要比线性结构复杂。链式结构是常用的非线性结构。

线性结构与非线性结构都可以是空的数据结构。对于空的数据结构，如果对该数据结构的运算是按线性结构的规则来处理的，则其属于线性结构；否则属于非线性结构。

8.3 线性表及其顺序存储结构

8.3.1 线性表的定义

线性表是 $n(n\geqslant0)$个数据元素构成的有限序列$(a_1,a_2...a_n)$。表中的每一个数据元素，除了第一个外，有且只有一个前件；除了最后一个外，有且只有一个后件。即线性表是一个具有几个数据元素的有限序列，可以表示为$(a_1,a_2...a_n)$。

其中，$a_i(i=1,2...n)$是属于数据对象的数据元素，通常也称为线性表中的一个节点。每个数据元素可以简单到是一个字母或是一个数字，也可以复杂到由多个数据项组成。在复杂的线性表中，由若干数据项组成的数据元素称为记录（Record），而由多个记录构成的线性表称为文件（File）。在非空表中的每个数据元素都有一个确定的位置，如 a_1 是第一个数据元素，a_n是最后一个数据元素，a_i是第 i 个数据元素，称 i 为数据元素 a_i在线性表中的位序。非空线性表有以下结构特征。

① 有且只有一个根节点 a_1，它无前件。

② 有且只有一个终端节点 a_n，它无后件。

③ 除根节点与终端节点外，其他所有节点有且只有一个前件，也有且只有一个后件。线性表中节点的个数 n 表示线性表的长度。当 $n=0$ 时，线性表为空表。

8.3.2 线性表的顺序存储结构

通常，线性表可以采用顺序存储结构和链式存储结构，本小节主要讨论顺序存储结构。

线性表的顺序存储指的是用一组地址连续的存储单元依次存储线性表中的数据元素。

线性表的顺序存储结构具备以下两个基本特征。

① 线性表中的所有元素所占的存储空间是连续的。

② 线性表中各数据元素在存储空间中是按逻辑顺序依次存放的。

采用顺序存储结构存储的线性表称为顺序表。在顺序表中，互为前、后件的两个数据元素在存储空间中是紧邻的，且前件一定存储在后件的前面。

例如，长度为 n 的线性表($a_1,a_2\ldots a_i\ldots a_n$)的顺序存储结构如图 8.2 所示。

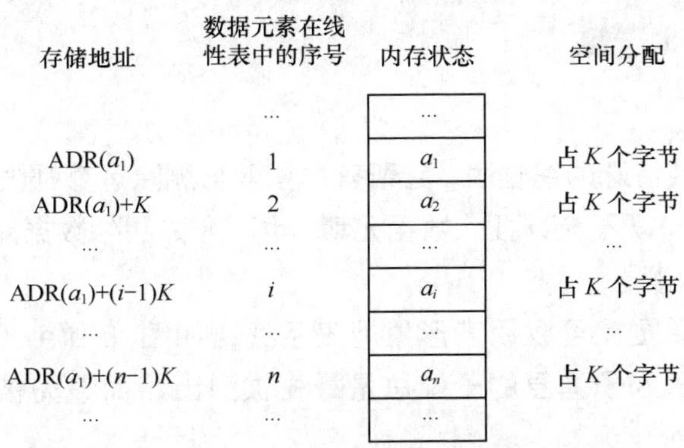

图 8.2　线性表的顺序存储结构

在顺序表中，如果每个数据元素占有 K 个存储单元，则下标为 i+1 的数据元素的存储位置与下标为 i 的数据元素的存储位置满足下列关系：

$$ADR(a_{i+1})=ADR(a_i)+K$$

通常把顺序表中第 1 个数据元素的存储地址 ADR(a_1)称为顺序表的首地址，顺序表中第 i 个数据元素 a_i 的存储地址为：

$$ADR(a_i)=ADR(a_1)+(i-1)K$$

例如，在顺序表中存储数据(14,23,25,78,15,68,27)，每个数据元素占有两个存储单元，第 1 个数据元素 14 的存储地址是 200，则第 3 个数据元素 25 的存储地址是：

$$ADR(a_3)=ADR(a_1)+(3-1)\times 2=200+4=204$$

从这种表示方法可以看出，顺序表是用数据元素在计算机内物理位置上的相邻关系来表示数据元素之间逻辑上的相邻关系。只要确定了首地址，顺序表内任意数据元素的地址都可以方便地计算出来。

在程序设计语言中，通常定义一个一维数组来表示线性表的顺序存储空间。在用一维数组存放线性表时，该一维数组的长度通常要定义得比线性表的实际长度大一些，以便对线性表进行各种运算，特别是插入运算。在线性表的顺序存储结构下，可以对线性表做以下运算。

① 在线性表的指定位置加入一个新的数据元素（即线性表的插入运算）。

② 在线性表中删除指定的数据元素（即线性表的删除运算）。
③ 在线性表中查找某个（或某些）特定的数据元素（即线性表的查找运算）。
④ 对线性表中的数据元素进行整序（即线性表的排序运算）。
⑤ 按要求将一个线性表分解成多个线性表（即线性表的分解运算）。
⑥ 按要求将多个线性表合并成一个线性表（即线性表的合并运算）。
⑦ 复制一个线性表（即线性表的复制运算）。
⑧ 逆转一个线性表（即线性表的逆转运算）等。

8.4 栈和队列

8.4.1 栈及其基本运算

1. 栈的定义

栈（Stack）是一种特殊的线性表，它所有的插入与删除运算都限定在表的同一端进行。在栈中，一端是封闭的，既不允许插入数据元素，也不允许删除数据元素；另一端是开放的，允许插入和删除数据元素。

例如，枪械的子弹匣就可以用来形象地表示栈，如图 8.3(a)所示。子弹匣的一端是完全封闭的，最后被压入子弹匣的子弹总是最先被弹出，而最先被压入的子弹最后才能被弹出。

在栈中，允许插入与删除数据元素的一端称为栈顶，不允许插入与删除数据元素的一端称为栈底。当栈中没有数据元素时，称为空栈。例如，没有子弹的子弹匣为空栈。

通常用指针 top 来指向栈顶，用指针 bottom 来指向栈底。

假设栈 $S=(a_1,a_2...a_n)$，则称 a_1 为栈底元素，a_n 为栈顶元素。栈中数据元素按 $a_1,a_2...a_n$ 的次序进栈，退栈的第一个数据元素应为栈顶元素 a_n。图 8.3(b)所示为数据元素入栈、退栈示意图。

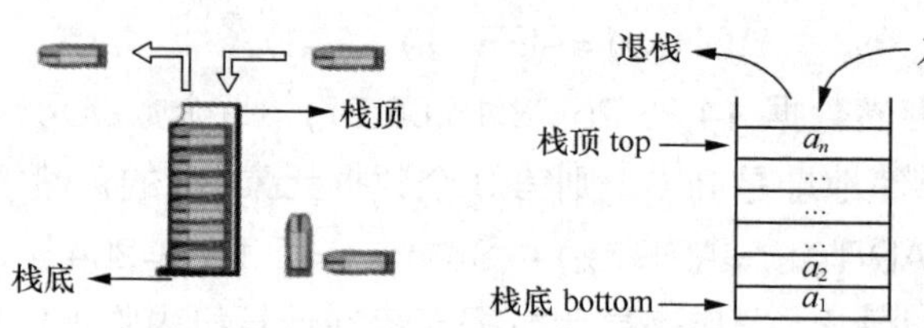

（a）用子弹匣表示栈　　（b）入栈、退栈示意图

图 8.3　栈的表示

2. 栈的特点

根据栈的定义，栈具有以下特点，如图 8.4 所示。

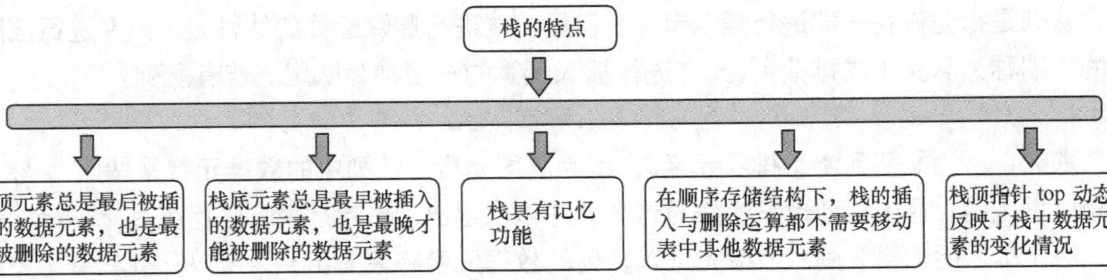

图 8.4 栈的特点

栈的修改原则是“后进先出”(Last In First Out，LIFO)或“先进后出”(First In Last Out，FILO)，因此，栈也称为“后进先出”表或“先进后出”表。

3. 栈的基本运算

栈的基本运算包括入栈、退栈和读栈顶元素运算。

(1) 入栈运算

入栈运算是指在栈顶位置插入一个新数据元素。先将栈顶指针加 1 (即 top 加 1)，然后将新数据元素插入栈顶指针指向的位置。当栈顶指针已经指向存储空间的最后一个位置时，说明栈空间已满，不能再进行入栈操作，这种情况称为栈的“上溢”错误。

(2) 退栈运算

退栈运算是指取出栈顶元素并赋给一个指定的变量。先将栈顶元素 (栈顶指针指向的元素) 赋给一个指定的变量，然后将栈顶指针减 1 (即 top 减 1)。当栈顶指针为 0 时，说明栈空，不可进行退栈操作，这种情况称为栈的“下溢”错误。

(3) 读栈顶元素

读栈顶元素是指将栈顶元素赋给一个指定的变量。这个运算不删除栈顶元素，只是将它赋给一个变量，因此栈顶指针不会改变。当栈顶指针为 0 时，说明栈空，读不到栈顶元素。

图 8.5 所示为一个顺序表示的栈的动态示意图。随着数据元素的插入和删除，栈顶指针 top 反映了栈的状态在不断地变化。

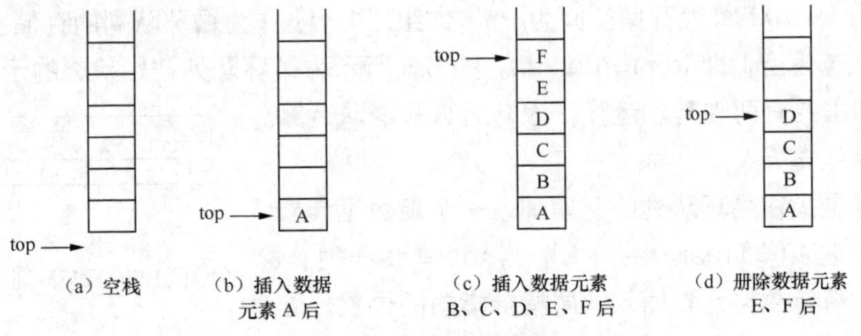

图 8.5 栈的动态示意图

8.4.2 队列及其基本运算

1. 队列的定义及运算

队列也是一种特殊的线性表。

队列是指允许在一端进行插入运算，在另一端进行删除运算的线性表。允许进行删除运算的一端称为队头（或排头），允许进行插入运算的一端称为队尾。若有队列：

$$Q=(q_1, q_2\ldots q_n)$$

那么，q_1为队头元素（排头元素），q_n为队尾元素。队列中的数据元素是按照$q_1,q_2\ldots q_n$的顺序进入的，退出队列也只能按照这个次序依次退出。也就是说，只有在$q_1,q_2\ldots q_{n-1}$都退队之后，q_n才能退出队列。因最先进入队列的数据元素将最先出队，所以队列具有“先进先出”的特性，体现了“先来先服务”的原则。

队头元素 q_1是最先被插入列队的数据元素，也是最先被删除的数据元素。队尾元素 q_n是最后被插入列队的数据元素，也是最后被删除的数据元素。因此，与栈相反，队列又称为“先进先出”（First In First Out，FIFO）或“后进后出”（Last In Last Out，LILO）的线性表。

例如，火车进隧道时，最先进入隧道的是火车头，最后进入隧道的是火车尾，而火车出隧道的时候也是火车头先出，火车尾后出。

可以用顺序存储的线性表来表示队列，为了指示当前执行退队运算的队头位置，需要一个队头指针（排头指针）front；为了指示当前执行入队运算的队尾位置，需要一个队尾指针rear。队头指针 front 总是指向队头元素的前一个位置，而队尾指针 rear 总是指向队尾元素。

往队列的队尾插入一个数据元素称为入队运算，从队列的队头删除一个数据元素称为退队运算。

2. 循环队列及其运算

在实际应用中，队列的顺序存储结构一般采用循环队列的形式。

所谓循环队列，就是将队列存储空间的最后一个位置绕到第一个位置，形成逻辑上的环状空间。

在循环队列中，用队尾指针 rear 指向队列中的队尾元素，用队头指针 front 指向队头元素的前一个位置。因此，从队头指针 front 指向的后一个位置直到队尾指针 rear 指向的位置之间所有的数据元素均为队列中的数据元素。

一维数组（1:m）最大存储空间为 m，数组（1:m）作为循环队列的存储空间时，循环队列的初始状态为空，即 front=rear=m。图 8.6 所示为循环队列初始状态的示意图。

循环队列主要有两种基本运算：入队运算和退队运算。

（1）入队运算

入队运算是指在循环队列的队尾加入一个新数据元素。先将队尾指针进 1（即 rear=rear+1），当 rear=m+1 时，置 rear=1；然后将新数据元素插入队尾指针指向的位置。

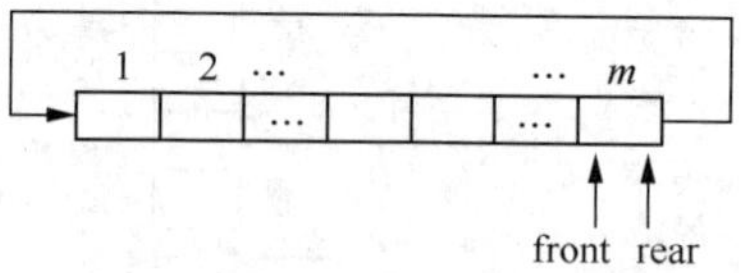

图 8.6　循环队列初始状态示意图

例如，在图 8.7(a)中进行入队运算，队尾指针进 1，此时 rear=m+1，置 rear=1，在第 1 个位置插入数据元素 a，如图 8.7(b)所示；当插入第 2 个数据元素 b 时，队尾指针进 1，rear=2，在第 2 个位置上插入数据元素 b，以此类推，直到把所有的数据元素插入队列，如图 8.7(c)所示。

（2）退队运算

退队运算是指在循环队列的队头位置取出一个数据元素并赋给指定的变量。先将队头指针进 1（即 front= front+1），当 front=m+1 时，置 front=1；然后将队头指针指向的数据元素赋给指定的变量。

例如，在图 8.7(c)中进行退队运算时，队头指针进 1（即 front+1），此时 front=m+1，置 front=1，删除此位置的数据，即数据元素 a。

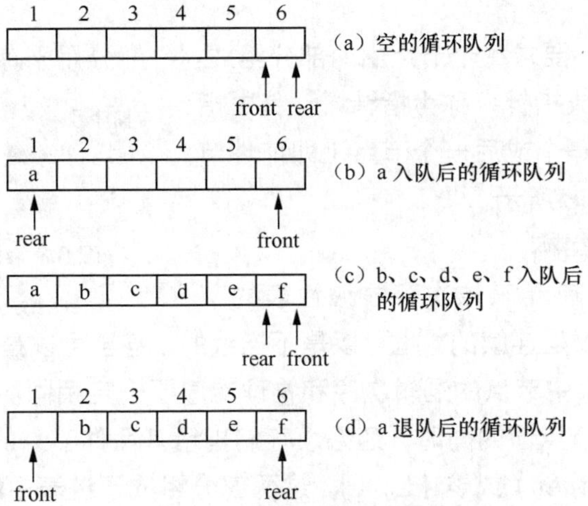

图 8.7　循环队列动态示意图

从图 8.7（a）和图 8.7（c）可以看出，循环队列在队列空时和队列满时都有 front=rear，如何区分循环队列是空还是满的呢？在实际应用中，通常增加一个标志量 S，S 的定义如下。

循环队列为空时，S=0。

循环队列为非空时，S=1。

由此可以判断出队列空和队列满这两种情况。

当 S=0 时，循环队列为空，此时不能再进行退队运算，否则会发生“下溢”错误。

当 S=1，并且 front=rear 时，表示循环队列满，此时不能再进行入队运算，否则会发生“上溢”错误。

在定义了 S 以后，循环队列初始状态为空，表示为：S=0，且 front=rear=m。

8.5 线性链表

8.5.1 线性链表及其基本运算

1. 线性链表

（1）线性表顺序存储的缺点

① 在一般情况下，要在顺序存储的线性表中插入一个新数据元素或删除一个数据元素时，为了保证插入或删除后的线性表仍然为顺序存储结构，在插入或删除运算过程中需要移

动大量的数据元素。因此采用顺序存储结构进行插入或删除运算的效率很低。

② 当为一个线性表分配顺序存储空间后，如果线性表的存储空间已满，则插入新的数据元素时栈会发生“上溢”错误。

③ 计算机空间得不到充分利用，并且不便于对存储空间进行动态分配。

（2）线性链表的基本概念

在定义的链表中，若只含有一个指针域来存放下一个元素地址，则称这样的链表为单链表或线性链表。

在链式存储方式中，要求每个节点由两部分组成：一部分用于存放数据元素值，称为数据域；另一部分用于存放指针，称为指针域。其中指针用于指向该节点的前一个或后一个节点（即前件节点或后件节点），如图 8.8 所示。

存储序号	数据域	指针域
i	D (i)	NEXT (i)

图 8.8　线性链表的一个存储节点

2．线性链表的存储结构

用一组任意的存储单元来依次存放线性表的节点，这组存储单元既可以是连续的，也可以是不连续的，甚至可以是零散分布在内存中的任意位置上的。因此，链表中节点的逻辑次序和物理次序不一定相同。为了正确表示节点间的逻辑关系，在存储每个节点值的同时，还必须存储指示其后件节点的地址（或位置）信息，这个信息称为指针（Pointer）或链（Link）。这两部分组成了链表中的节点。

链表通过每个节点的指针域将线性表的 n 个节点按其逻辑次序链接在一起。

显然，线性链表中每个节点的存储地址存放在其前件节点的指针域 Next 中，而开始节点无前件，故应设头指针 Head 指向开始节点；同时，由于终端节点无后件，故终端节点的指针域为空，即 NULL。

3．带链的栈与队列

① 栈也是线性表，也可以采用链式存储结构。在实际应用中，带链的栈可以用来收集计算机存储空间中所有空闲的存储节点，这种带链的栈称为可利用栈。

② 队列也是线性表，也可以采用链式存储结构。

8.5.2　线性链表的基本运算

1．在线性链表中查找指定数据元素

在对线性链表进行插入或删除运算时，总是需要先找到插入或删除的数据元素的位置，这就需要对线性链表进行扫描查找，在线性链表中寻找包含指定数据元素的前一个节点。

在线性链表中，即使知道被访问节点的序号 a，也不能像在顺序表中那样直接按序号 i 访问节点，而只能从链表的头指针 Head 出发，顺指针域 Next 逐个往下搜索节点，直到搜索到第 i 个节点为止。因此，链表不是随机存取结构。

在链表中，查找是否有节点值等于给定值 X 的节点，若有，则返回首次找到的其值为 X 的节点的存储位置；否则返回 NULL。查找过程从开始节点出发，顺着链表逐个将节点的值和给定值 X 做比较。

2. 线性链表的插入运算

线性链表的插入运算是指在链式存储结构下的线性链表中插入一个新数据元素。

插入运算是将值为 X 的新节点插入表的第 i 个节点的位置，即插入 a_{i-1} 与 a_i 之间。因此，我们必须先找到 a_{i-1} 的存储位置 p，然后生成一个数据域为 X 的新节点*p，并令节点 p 的指针域指向新节点，新节点的指针域指向节点 a_i。

由线性链表的插入过程可以看出，由于插入的新节点取自可利用栈，因此，只要可利用栈不空，在线性链表中插入数据元素时总能取到存储插入数据元素的新节点，不会发生“上溢”的情况。而且，由于可利用栈是公用的，多个线性链表可以共享它，从而很方便地实现了存储空间的动态分配。另外，线性链表在插入过程中不发生数据元素移动的现象，只要改变有关节点的指针即可，从而提高了插入运算的效率。

3. 线性链表的删除运算

线性链表的删除运算是指在链式存储结构下的线性链表中删除包含指定数据元素的节点。

删除运算是将表的第 i 个节点删去。因为在线性链表中节点 a 的存储地址是在其直接前件节点 a_{i-1} 的指针域 Next 中，所以我们必须先找到节点 a_{i-1} 的存储位置 p。然后令 p->Next 指向 a_i 的直接后件节点，即把节点 a_i 从链上摘下，最后释放节点 a 的空间。

从线性链表的删除运算过程可以看出，从线性链表中删除一个数据元素后，不需要移动表中的数据元素，只要改变被删除数据元素所在节点的前一个节点的指针域即可。另外，由于可利用栈用于收集计算机中所有的空闲节点，因此，当从线性链表中删除一个数据元素后，该数据元素的存储节点就变为空闲，应将空闲节点送回到可利用栈。

8.5.3 双向链表及其基本运算

1. 双向链表

在线性链表中，从某个节点出发可以直接找到它的直接后件，时间复杂度为 $O(1)$，但无法直接找到它的直接前件；在单循环链表中，从某个节点出发可以直接找到它的直接后件，时间复杂度仍为 $O(1)$，直接找到它的直接前件，时间复杂度为 $O(n)$。有时，希望能快速找到一个节点的直接前件，可以在线性链表中的节点中增加一个指针域指向它的直接前件，这样的链表就称为双向链表（一个节点中含有两个指针）。如果每条链构成一个循环链表，则会得到双向循环链表。

2. 双向链表的基本运算

① 插入：在以 Head 为头指针的双向链表中，在值为 Y 的节点之后插入值为 X 的节点，插入节点的指针会相应改变。

② 删除：在以 Head 为头指针的双向链表中删除值为 X 的节点，删除算法的指针也会相应改变。

8.5.4 循环链表及其基本运算

线性链表上的访问是一种顺序访问，从其中的某一个节点出发，可以找到它的直接后件，但无法找到它的直接前件。

在前面所讨论的线性链表中，其插入与删除运算虽然比较方便，但还存在一个问题，在运算过程中对于空表和对第一个节点的处理必须单独考虑，导致空表与非空表的运算不统一。

因此，我们可以考虑建立这样的链表：既具有线性链表的特征，但又不需要增加额外的存储空间，仅对表的链接方式稍做改变，使得对表的处理更加方便灵活。在线性链表中，最后一个节点的指针域为 NULL，表示线性链表已经结束。如果将线性链表最后一个节点的指针域改为存放链表中头节点（或第一个节点）的地址，就使得整个链表构成一个环，并且没有增加额外的存储空间。

循环链表具有以下两个特点。

① 在循环链表中增加了一个表头节点，其数据域可为任意值或者根据需要来设置，指针域指向线性表的第一个数据元素的节点。循环链表的头指针指向表头节点。

② 循环链表的最后一个节点的指针域不是空的，而是指向表头节点，即在循环链表中，所有节点的指针构成了一个环状链。

在循环链表中，只要指出表中任何一个节点的位置，就可以从它出发访问到表中其他所有的节点，而线性链表做不到这一点。

由于在循环链表中设置了一个表头节点，因此，在任何情况下，循环链表中都至少有一个节点存在，从而使空表与非空表的运算统一。

8.6 树与二叉树

8.6.1 树的定义

树是由 $n(n\geqslant0)$ 个节点组成的有限集合。若 $n=0$，则称为空树。若 $n>0$，则有以下结论。

① 有一个特定的称为根（Root）的节点，它只有直接后件，没有直接前件。

② 除根节点以外的其他节点可以划分为 $m(m\geqslant0)$ 个互不相交的有限集合 $T_0, T_1 \ldots T_{m-1}$，每个集合 $T_i(i=0,1\ldots m-1)$ 又是一棵树，称为根的子树，每棵子树的根节点有且仅有一个直接前件，但可以有 0 个或多个直接后件。

树形结构具有以下特点。

① 每个节点只有一个前件，这些节点称为父节点，没有前件的节点只有一个，称为树的根节点，简称为树的根。

② 每一个节点可以有多个后件，这些后件节点都称为该节点的子节点，没有后件的节点称为叶子节点。

③ 一个节点所拥有的后件个数称为节点的度。

④ 树的最大层次称为树的深度。

在计算机中，可以用树来表示算术表达式，原则如下。

① 表达式中的每一个运算符在树中对应一个节点，该节点称为运算符节点。

② 运算符的每一个运算对象在树中为该运算符节点的子树（在树中的运算顺序为从左到右）。

③ 运算对象中的单变量均为叶子节点。

树在计算机中通常用多重链表表示。

8.6.2 二叉树及其基本性质

1. 二叉树的定义

二叉树（Binary Tree）由 n(n≥0)个节点的有限集合构成，此集合或者为空集，或者由一个根节点及两棵互不相交的左右子树组成，并且左右子树都是二叉树。二叉树可以是空集合，根可以有空的左子树或空的右子树。二叉树不是一种特殊的树，它们是两个概念。

二叉树具有以下两个特点。

① 非空二叉树只有一个根节点。

② 每一个节点最多有两棵子树，且分别称为该节点的左子树和右子树。

二叉树的每个节点最多有两个子节点，或者说，在二叉树中，不存在度大于 2 的节点，并且二叉树是有序的（树为无序的），其子树的顺序不能颠倒，因此，二叉树有 5 种不同的形态，如图 8.9 所示。

图 8.9(a)所示为空二叉树；图 8.9(b)所示为仅有根节点的二叉树，即左子树和右子树都为空二叉树；图 8.9(c)所示为左、右子树均非空的二叉树；图 8.9(d)所示为左子树非空、右子树为空的二叉树；图 8.9(e)所示为右子树非空、左子树为空的二叉树。

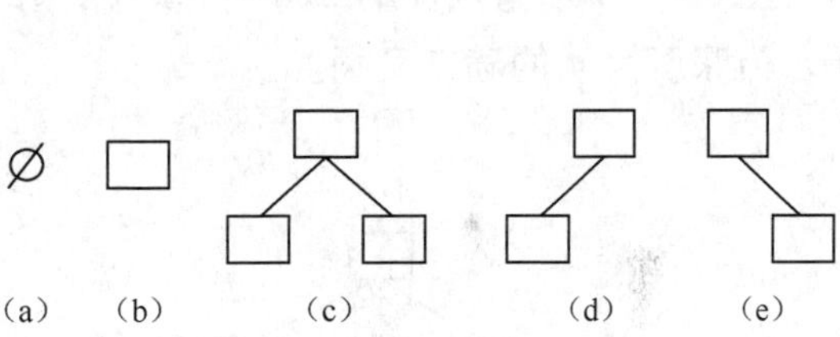

图 8.9 二叉树的 5 种基本形态

在二叉树中，当一个非根节点的节点既没有右子树，又没有左子树时，该节点是叶子节点。

2. 二叉树的基本性质

二叉树具有以下几个性质。

性质 1：在二叉树的第 k 层上至多有 2^{k-1}(k≥1)个节点。

性质 2：深度为 m 的二叉树至多有 2^m-1 个节点。

深度为 m 的二叉树表示该二叉树共有 m 层。根据性质 1，只要将第 1 层到第 m 层上的最大的节点数相加，就可以得到整个二叉树中节点数的最大值，及 $2^{1-1}+2^{2-1}+...+2^{m-1}=2^m-1$。

性质 3：对于任何一棵二叉树，度为 0 的节点（即叶子节点）总是比度为 2 的节点多一个。

证明：设一棵非空二叉树中有 n 个节点，叶子节点个数为 n_0，度为 1 的节点个数为 n_1，度为 2 的节点个数为 n_2。

所以：

$$n=n_0+n_1+n_2 \tag{1}$$

在二叉树中，除根节点外，其余每个节点都有且仅有一个前件和一条从其前件节点指向它的边。假设边的总数为 B，则二叉树中总的节点数为：

$$n=B+1 \tag{2}$$

由于二叉树中的边都是由度为 1 和度为 2 的节点发出的，所以有：

$$B=n_1+n_2\times 2 \tag{3}$$

综合（1）、（2）、（3）式，可得：$n_0=n_2+1$。

性质 4：具有 n 个节点的完全二叉树的深度至少为 $[\log_2 n]+1$，其中 $[\log_2 n]$ 表示 $\log_2 n$ 的整数部分。

3. 满二叉树与完全二叉树

满二叉树和完全二叉树是两种特殊形态的二叉树。

（1）满二叉树

满二叉树是指除最后一层外，每一层上的所有节点都有两个子节点的二叉树。即在满二叉树的第 k 层上有 2^{k-1} 个节点。

从满二叉树的定义可知，满二叉树每一层上的节点数都必须达到最大，否则就不是满二叉树。深度为 m 的满二叉树有 2^{m-1} 个节点。

图 8.10 所示为两棵满二叉树。其中，图 8.10(a)所示为深度为 3 的满二叉树，图 8.10(b)所示为深度为 4 的满二叉树。

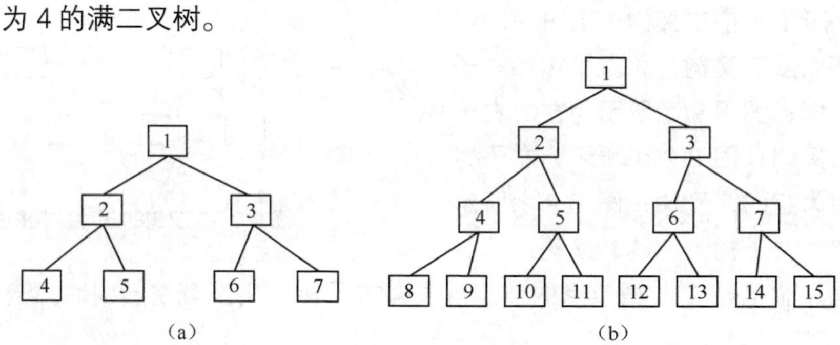

图 8.10　满二叉树

在满二叉树中，只有度为 2 和度为 0 的节点，没有度为 1 的节点。所有度为 0 的节点都在同一层，即最后一层。

（2）完全二叉树

完全二叉树是指除最后一层外，每一层上的节点数均达到最大值；在最后一层上只缺少右边的若干节点的二叉树。

完全二叉树也可以这样来描述：如果对满二叉树的节点进行连续编号，即从根节点开始，对二叉树的节点自上而下、自左至右用自然数进行连续编号，则深度为 k、有 n 个节点的二叉树，当且仅当其每一个节点都与深度为 k 的满二叉树中编号从 1 到 n 的节点一一对应时，该二叉树称完全二叉树。

由完全二叉树的定义可知，满二叉树一定是完全二叉树，完全二叉树不一定是满二叉树。

图 8.11(a)所示为深度为 3 的 3 棵完全二叉树，图 8.11(b)所示为深度为 4 的一棵完全二叉树。

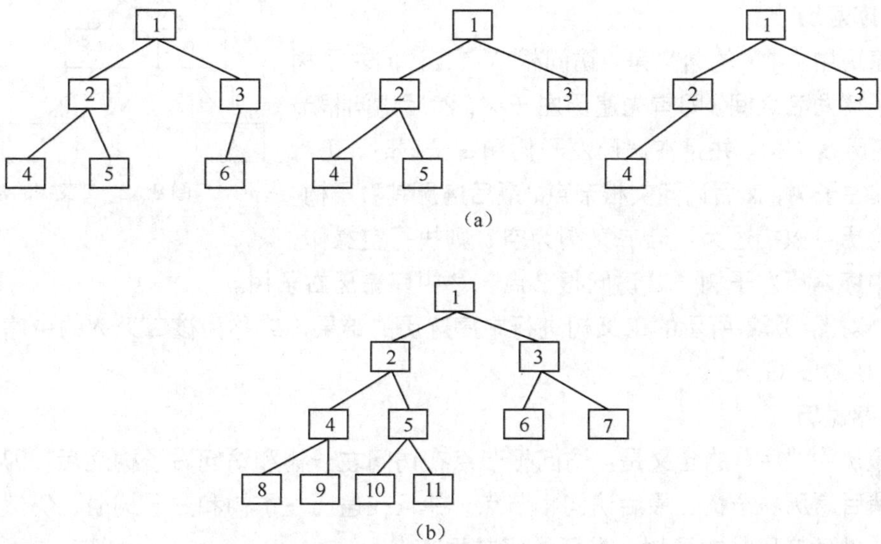

图 8.11　完全二叉树

完全二叉树还具有以下两个性质。

性质 1：具有 n 个节点的完全二叉树的深度为［ $\log_2 n$ ］+1。

性质 2：如果对一棵有 n 个节点的完全二叉树的节点按层序编号（从第 1 层到第［ $\log_2 n$ ］+1 层，每层从左到右），则对任一节点 $k(1 \leqslant k \leqslant n)$，有以下结论。

① 如果 $k=1$，则节点 k 的父节点是二叉树的根；如果 $k>1$，则节点 k 的父节点编号为 INT(k/2)。

② 如果 $2k \leqslant n$，则节点 k 的左子节点编号为 $2k$；否则该节点没有左子节点（显然也没有右子节点）。

③ 如果 $2k+1 \leqslant n$，则节点 k 的右子节点编号为 $2k+1$；否则该节点没有右子节点。

8.6.3　二叉树的遍历

二叉树的遍历是指不重复地访问二叉树中的所有节点。

在遍历二叉树的过程中，一般先遍历左子树，再遍历右子树。在先左后右的原则下，根据访问根节点的次序不同，二叉树的遍历可以分为 3 种：前序遍历、中序遍历和后序遍历。

1. 前序遍历

前序遍历中"前"的含义是：访问根节点在访问左子树和访问右子树之前。即首先访问根节点，然后遍历左子树，最后遍历右子树；并且在遍历左子树和右子树时，仍然首先访问左子树（右子树）的根节点，然后遍历其左子树，最后遍历其右子树。

前序遍历可以描述为：若二叉树为空，则执行空操作；否则：①访问根节点，②前序遍历左子树，③前序遍历右子树。

例如，对图 8.12 所示的二叉树进行前序遍历的结果（或称为该二叉树的前序序列）为 A,B,D,H,E,I,C,F,G。

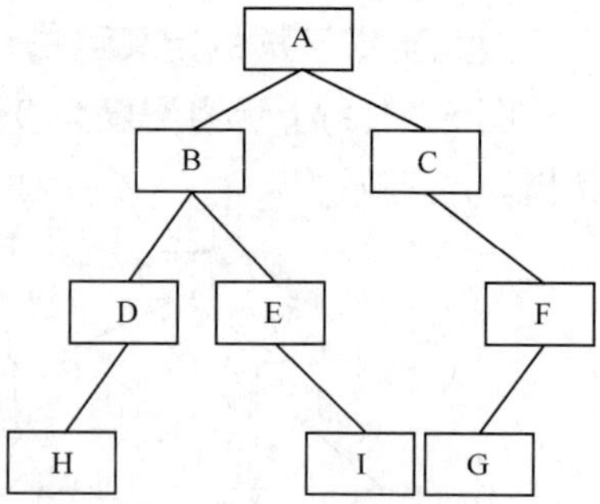

图 8.12　二叉树的遍历

2. 中序遍历

中序遍历中“中”的含义是：访问根节点在访问左子树和访问右子树两者之间。即首先遍历左子树，然后访问根节点，最后遍历右子树。并且在遍历左子树和右子树时，仍然首先遍历其左子树，然后访问其根节点，最后遍历其右子树。

中序遍历可以描述为：若二叉树为空，则执行空操作；否则：①中序遍历左子树，②访问根节点，③中序遍历右子树。

例如，对图 8.12 所示的二叉树进行中序遍历的结果（或称为该二叉树的中序序列）为 H, D, B, E, I, A, C, G, F。

3. 后序遍历

后序遍历中“后”的含义是：访问根节点在访问左子树和访问右子树之后。即首先遍历左子树，然后遍历右子树，最后访问根节点；并且在遍历左子树和右子树时，仍然首先遍历其左子树，然后遍历其右子树，最后访问其根节点。

后序遍历可以描述为：若二叉树为空，则执行空操作；否则：①后序遍历左子树，②后序遍历右子树，③访问根节点。

例如，对图 8.12 所示的二叉树进行后序遍历的结果（或称为该二叉树的后序序列）为 H, D, I, E, B, G, F, C, A。

8.7　查找与排序

8.7.1　查找

1. 顺序查找

顺序查找（顺序搜索）是最简单的查找方法，它的基本思想是：从线性表的第一个数据元素开始，逐个将线性表中的数据元素与被查数据元素进行比较，如果相等，则查找成功，停止查找；若整个线性表扫描完毕，仍未找到与被查数据元素相等的数据元素，则表示线性表中没有要查找的数据元素，查找失败。

在进行顺序查找的过程中，如果线性表中的第一个数据元素就是要查找的数据元素，则比较次数为 1；如果最后一个数据元素才是要查找的数据元素，或者在线性表中，没有要查找的数据元素，则需要与线性表中所有的数据元素进行比较，这是顺序查找的最坏情况。在平均情况下，利用顺序查找法在线性表中查找一个数据元素，大约要与线性表中一半的数据元素进行比较。

由此可以看出，对大的线性表来说，顺序查找的效率很低。虽然顺序查找的效率不高，但在下列两种情况下也只能采用顺序查找。

① 如果线性表是无序表（即表中的数据元素是无序的），则不管是顺序存储结构还是链式存储结构，都只能用顺序查找。

② 即使是有序线性表，如果采用链式存储结构，也只能用顺序查找。

2. 二分法查找

二分法查找也称为拆半查找，是一种高效的查找方法。能使用二分法查找的线性表必须满足以下两个条件。

① 用顺序存储结构。

② 为有序表。

在本书中，为了简化问题，便于讨论，“有序”特指数据元素按非递减顺序排列，即从小到大排列，但允许相邻数据元素相等。下一小节讲解排序时，有序的含义也是如此。

对于长度为 n 的有序线性表，利用二分法查找数据元素 X 的过程如下。

将 X 与线性表的中间项比较。

- 如果 X 的值与中间项的值相等，则查找成功，结束查找。
- 如果 X 小于中间项的值，则在线性表的前半部分以二分法继续查找。
- 如果 X 大于中间项的值，则在线性表的后半部分以二分法继续查找。

例如，长度为 8 的线性表的关键码序列为［5,12,26,29,37,45,46,69］，被查数据元素为 37，首先将 37 与线性表的中间项比较，即与第 4 个数据元素 29 相比较，37 大于中间项 29 的值，则在线性表［37,45,46,69］中继续查找；接着与中间项比较，即与第 2 个数据元素 45 相比较，37 小于 45，则在线性表［37］中继续查找，最后一次比较相等，查找成功。

顺序查找法每一次比较，只将查找范围减少 1，而二分法查找，每比较一次，可将查找范围减少为原来的一半，效率大大提高。

可以证明，对于长度为 n 的有序线性表，在最坏情况下，二分法查找只需比较 $\log_2 n$ 次，而顺序查找需要比较 n 次。

8.7.2 排序

1. 冒泡排序

冒泡排序（Bubble Sort）是最简单的一种交换类排序方法。在数据元素的序列中，对于某个数据元素，如果其后存在一个数据元素小于它，则称为存在一个逆序。

冒泡排序的基本思想就是通过两两相邻数据元素之间的比较和交换，不断地消去逆序，直到将所有数据元素有序排列为止。

冒泡排序的基本过程如下。

第 1 遍，在线性表中，从前往后扫描，如果相邻的两个数据元素，前面的数据元素大于后面的数据元素，则将它们交换，称为消去了一个逆序。在扫描过程中，线性表中最大的数据元素不断地往后移动，最后，被交换到了表的末端。此时，该数据元素就已经排好序了。

然后对当前还未排好序的范围内的全部节点，从后往前扫描，如果相邻的两个数据元素，后面的数据元素小于前面的数据元素，则将它们交换，也称为消去了一个逆序。在扫描过程中，最小的数据元素不断地往前移动，最后，被交换到了线性表的第一个位置，则认为该数据元素已经排好序了。

对还未排好序的范围内的全部节点，继续第 2 遍、第 3 遍的扫描，这样，未排好序数据元素的范围逐渐减小，最后为空，则表示线性表已经变为有序的了。

图 8.13 所示为一个冒泡排序的例子。

初始状态	45	30	61	82	74	12	26	49
	↑							↑
	low							high
high 向左扫描	45	30	61	82	74	12	26	49
第一次交换后	26	30	61	82	74	12	45	49
	↑						↑	
	low						high	
low 向右扫描	26	30	61	82	74	12	45	49
第二次交换后	26	30	45	82	74	12	61	49
high 向左扫描并交换后	26	30	12	82	74	45	61	49
low 向右扫描并交换后	26	30	12	45	74	82	61	49
				↑	↑			
				low	high			
high 向左扫描	26	30	12	45	74	82	61	49

（a）第一趟扫描过程

初始状态	45	30	61	82	74	12	26	49
第一趟排序后	[26	30	12]	45	[74	82	61	49]
第二趟排序后	[26]	26	[30]	45	[49	61]	74	[82]
第三趟排序后	12	26	30	45	49	[61]	74	82
排序结果	12	26	30	45	49	61	74	82

（b）各趟排序之后的状态

图 8.13 冒泡排序示例

在最坏情况下，对长度为 n 的线性表排序，冒泡排序需要比较的次数为 $n(n-1)/2$。

2. 快速排序

在冒泡排序中，一次扫描只能确保最大的数据元素或最小的数据元素移到了正确位置，而未排序序列的长度可能只减少了 1。快速排序（Quick Sort）是对冒泡排序的一种本质的改进。

快速排序的基本思想是：在待排序的 n 个数据元素中取一个数据元素 K（通常取第一个数据元素），以数据元素 K 作为分割标准，把所有小于 K 的数据元素都移到 K 前面，把所有大于 K 的数据元素都移到 K 后面。这样，以 K 为分界线，把线性表分割为两个子表，这称为一趟排序。然后，对 K 前后的两个子表分别重复上述过程。继续下去，直到分割的子表的长度为 1 为止，这时，线性表已经是排好序的了。

第 1 遍快速排序的具体做法如下。附设两个指针 low 和 high，它们的初值分别指向线性表的第一个数据元素（K）和最后一个数据元素。先从 high 所指的位置向前扫描，找到第

一个小于 K 的数据元素并与 K 互相交换位置。然后从 low 所指位置起向后扫描，找到第一个大于 K 的数据元素并与 K 交换位置。重复这两步，直到 low=high 为止。

图 8.14 所示为一个快速排序的例子。

快速排序的平均时间复杂度最佳，为 $O(n\log_2 n)$。最坏情况下，即每次划分只得到一个子序列，时间复杂度为 $O(n^2)$。

原始序列	4 ↔	1	6 ↔	5 ↔	2 ↔	3
第一遍（从前往后）	[1	4 ↔	5 ↔	2	3]	6
（从后往前）	1	[2	4	5 ↔	3]	6
第二遍（从前往后）	1	[2	4 ↔	3]	5	6
（从后往前）	1	2	[3	4]	5	6
最终结果	1	2	3	4	5	6

图 8.14　快速排序示例

3. 简单选择排序

简单选择排序（Simple Selection Sort）的基本思想是：先从所有 n 个待排序的数据元素中选择最小的数据元素，将该数据元素与第 1 个数据元素交换，再从剩下的 $n-1$ 个数据元素中选出最小的数据元素与第 2 个数据元素交换。重复这样的操作，直到所有的数据元素有序为止。

例如，对初始状态为(73,26,41,5,12,34)的序列进行简单选择排序，方括号“[ ]”内为有序的子表，方括号“[ ]”外为无序的子表，每次从无序子表中取出最小的一个数据元素加入有序子表的末尾。步骤如下。

从这 6 个数据元素中选择最小的数据元素 5，将 5 与第 1 个数据元素交换，得到有序序列 [5]。

从剩下的 5 个数据元素中挑出最小的数据元素 12，将 12 与第 2 个数据元素交换，得到有序列 [5,12]。

从剩下的 4 个数据元素中挑出最小的数据元素 26，将 26 与第 3 个数据元素交换，得到有序序列 [5,12,26]。

以此类推，直到所有的数据元素都有序地排列到有序的子表中。

简单选择排序在最坏的情况下需要比较 $n(n-1)/2$ 次。

4. 堆排序

堆排序（Heap Sort）属于选择类的排序方法。

（1）堆的定义

若在有 n 个数据元素的序列$(h_1,h_2\ldots h_n)$中，将数据元素按顺序组成一棵完全二叉树，当且仅当满足下列条件时称为堆。

$$（1）\begin{cases} h_i \leqslant h_{2i} \\ h_i \leqslant h_{2i+1} \end{cases} 或（2）\begin{cases} h_i \geqslant h_{2i} \\ h_i \geqslant h_{2i+1} \end{cases}$$

其中，i=1,2,3...n/2。

情况（1）称为小根堆，所有节点的值小于或等于左、右子节点的值。情况（2）称为大根堆，所有节点的值大于或等于左右子节点的值。本小节只讨论大根堆的情况。

例如，序列(91,85,53,36,47,30,24,12)是一个堆，则它对应的完全二叉树如图 8.15 所示。

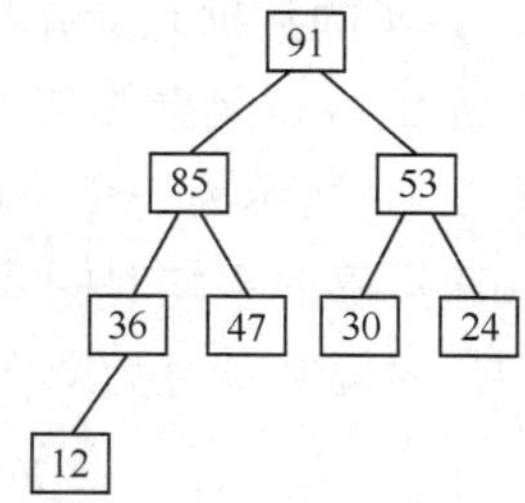

图 8.15　堆顶元素为最大数据元素的堆

（2）调整建堆

在调整建堆的过程中，总是将根节点值与左、右子树的根节点进行比较，若不满足堆的条件，则将左、右子树根节点值中的大值与根节点值进行交换，这个调整过程从根节点开始一直延伸到所有叶子节点，直到所有子树均为堆为止。

（3）堆排序

先将一个无序序列建成堆，然后将堆顶元素与堆中的最后一个数据元素交换。不考虑已经换到最后的那个数据元素，将剩下的 n–1 个数据元素重新调整为堆，重复执行此操作，直到所有数据元素有序为止。

对于数据元素较少的线性表，堆排序的优越性并不明显，但对于具有大量数据元素的线性表，堆排序是很有效的。

在最坏的情况下，堆排序的时间复杂度为 $O(n\log_2 n)$。

5. 简单插入排序

简单插入排序（Simple Insertion Sort）：把 n 个待排序的数据元素看成一个有序表和一个无序表，开始时，有序表只包含一个数据元素，而无序表包含另外 n–1 个数据元素，每次只取无序表中的第一个数据元素并将其插入有序表中的正确位置，使之成为增加一个数据元素的新的有序表；插入数据元素时，插入位置及其后的数据元素依次向后移动；最后有序表的长度为 n，而无序表为空，此时排序完成。

简单插入排序过程如图 8.16 所示。图中方括号“[　]”内为有序的子表，方括号“[　]”外为无序的子表，将每次从无序子表中取出的第一个数据元素插入有序子表中。

在最好的情况下，即初始排序序列就是有序序列的情况下，简单插入排序的比较次数为 n–1 次，移动次数为 0 次。

在最坏的情况下，即初始排序序列是逆序序列的情况下，比较次数为 $n(n-1)/2$，移动次数为 $n(n-1)/2$。假设待排序的线性表中的各种排列出现的概率相同，可以证明，其平均比较次数和平均移动次数都约为 $n^2/4$，因此简单插入排序的时间复杂度为 $O(n^2)$。

在简单插入排序中，每一次比较后最多消去一个逆序，因此，这种排序方法的效率与冒泡排序相同。

[初始]	[48] 37 65 96 75 12 26 49
i=2	[37 48] 65 96 75 12 26 49
i=3	[37 48 65] 96 75 12 26 49
i=4	[37 48 65 96] 75 12 26 49
i=5	[37 48 65 75 96] 12 26 49
i=6	[12 37 48 65 75 96] 26 49
i=7	[12 26 37 48 65 75 96] 49
i=8	[12 26 37 48 49 65 75 96]

图 8.16　简单插入排序过程

第 9 章 程序设计基础

09

9.1 程序设计方法与风格

程序设计方法是研究问题求解如何进行系统构造的软件方法学。常用的程序设计方法有结构化程序设计方法、软件工程方法和面向对象方法。

程序设计风格是指编写程序时所表现出来的特点、习惯和逻辑思路。

良好的程序设计风格可以使程序结构清晰合理，程序代码便于维护，因此，程序设计风格深深地影响着软件的质量和维护的难易程度。

要形成良好的程序设计风格，主要应注意和考虑以下因素。

1. 源程序的文档化

源程序的文档化是指在源程序中可包含一些内部文档，以帮助读者阅读和理解源程序。

① 符号的命名规则。符号的命名应具有一定的实际含义，以便读者理解程序功能。

② 程序注释。在源程序中添加正确的注释可帮助读者理解程序。程序注释可分为序言性注释和功能性注释，分别给出程序的整体说明和程序的主要功能说明。

③ 视觉组织。可以在程序中利用空格、空行、缩进等技巧使程序层次清晰。

2. 数据说明风格

为使程序中的数据说明易于理解和维护，可采用表 9.1 所示的数据说明风格。

表 9.1　数据说明风格

数据说明风格	详细说明
次序规范化	使数据说明次序固定，使数据的属性容易查找，有利于测试、排错和维护
变量安排有序化	当多个变量出现在同一条说明语句中时，变量名应按字母顺序排序，以便查找
使用注释	在定义一个复杂的数据结构时，应通过注释来说明该数据结构的特点

3. 语句的结构

为使程序更简单易懂，语句构造应该简单直接，应注意以下原则。

① 在一行内只写一条语句。

② 程序编写应优先考虑清晰性。

③ 程序编写要做到清晰第一，效率第二。

④ 在保证程序正确的基础上再提高效率。

⑤ 避免使用临时变量而使程序的可读性下降。

⑥ 避免不必要的转移。

⑦ 尽量使用库函数。

⑧ 避免采用复杂的条件语句。

⑨ 尽量不使用“否定”条件语句。

⑩ 数据结构要有利于程序的简化。

⑪ 程序要模块化，模块功能尽可能单一化。

⑫ 利用信息隐蔽，确保每一个模块的独立性。

⑬ 从数据出发去构造程序。

⑭ 不要修补不好的程序，要重新编写。

4．输入输出

输入输出方式和风格应尽可能方便用户的使用，应考虑以下原则。

① 对所有输入的数据都要检验数据的合法性。

② 检查输入项的各种重要组合的合理性。

③ 输入格式要简单，使得输入的步骤和操作尽可能简单。

④ 输入数据时，应允许使用自由格式。

⑤ 应允许默认值。

⑥ 输入一批数据时，最好使用输入结束标志。

⑦ 在以交互式输入输出方式进行输入时，要在屏幕上使用提示符来明确提示输入的请求，同时在数据输入过程中和输入结束时，应在屏幕上给出状态信息。

⑧ 当程序设计语言对输入格式有严格要求时，应保持输入语句的格式与要求的输入格式一致。

9.2 结构化程序设计

9.2.1 结构化程序设计的原则

结构化程序设计的重要原则是自顶向下、逐步求精、模块化及限制使用 goto 语句。

（1）自顶向下

设计程序时，应先考虑总体，后考虑细节；应先考虑全局目标，后考虑局部目标。

（2）逐步求精

对复杂问题，应先设计一些子目标作为过渡，然后逐步细化目标。

（3）模块化

模块化是把程序要解决的总目标分解为分目标，再进一步分解为具体的小目标，每个小目标称为一个模块。

（4）限制使用 goto 语句

9.2.2 结构化程序的基本结构与特点

1966 年，勃姆（Boehm）和加柯皮（Jacopini）证明了程序设计语言仅仅使用顺序、选择和重复 3 种基本控制结构就足以表达出各种其他形式结构的程序设计方法。它们的共同特征是：只有一个入口和一个出口。

1. 顺序结构

顺序结构是指按照程序语句的先后顺序，自始至终一条语句一条语句地顺序执行，它是最简单也是最常用的基本结构。图 9.1 所示的虚线框内就是一个顺序结构，在执行 A 中的运算后，必然执行 B 中的运算，然后执行 C 中的运算，没有分支，也没有转移和重复。

2. 选择结构

选择结构又称为分支结构，简单选择结构和多分支选择结构都属于这类基本结构，这种结构可以根据设置的条件，判断应该选择哪一个分支来执行相应的语句。图 9.2 所示的虚线框内是一个简单选择结构，根据条件 C 进行判断，若成立则执行 A 中的运算，若不成立则执行 B 中的运算。

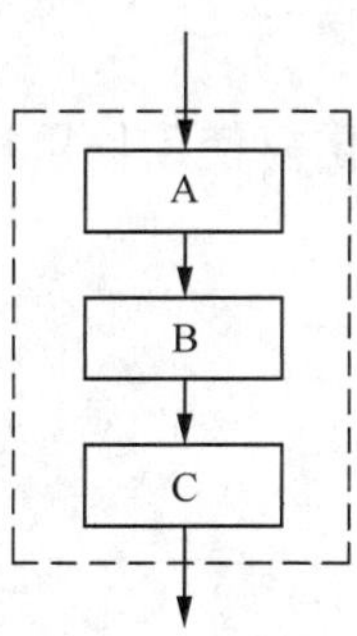

图 9.1 顺序结构

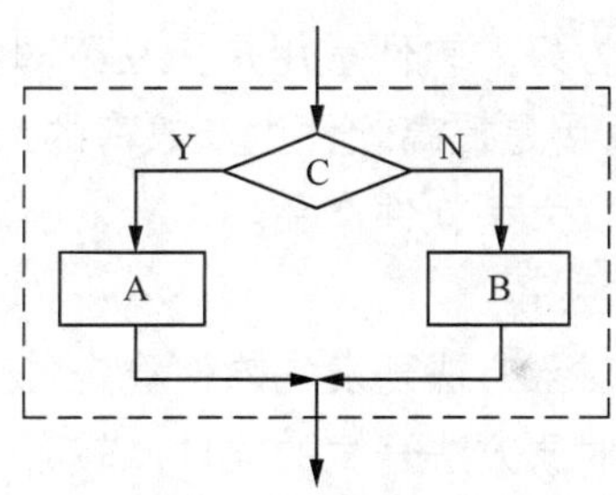

图 9.2 简单选择结构

3. 重复结构

重复结构又称为循环结构，它根据给定的条件，判断是否需要重复执行某一相同或类似的程序段。

在程序设计语言中，重复结构对应两类循环语句，先判断、后执行循环体的结构称为当型循环结构；先执行循环体、后判断的结构称为直到型循环结构，如图 9.3 所示。

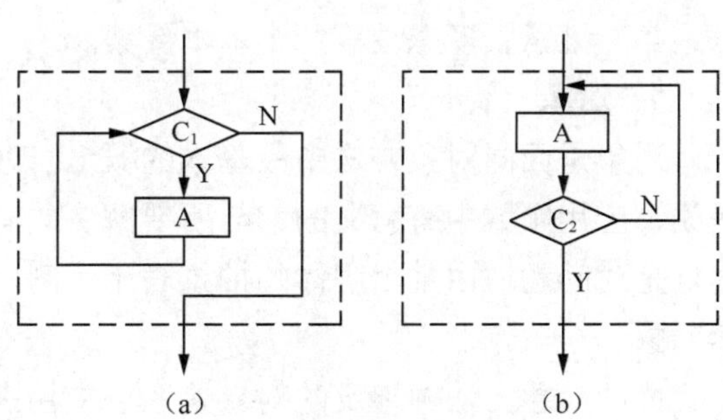

图 9.3 两种重复结构

总之，遵循结构化程序的设计原则，按结构化程序设计方法设计出的程序具有以下明显的优点。

- 程序易于理解、使用和维护。

- 提高了编程工作的效率，降低了软件开发成本。

9.3 面向对象的程序设计

9.3.1 关于面向对象方法

面向对象方法的本质，就是主张从客观世界固有的事物出发来构造系统，提倡用人类在现实生活中常用的思维方法来认识、理解和描述客观事物，强调最终建立的系统能够映射问题域，也就是说，系统中的对象及对象之间的关系能够如实地反映问题域中的固有事物及其关系。

面向对象方法有以下优点。

① 与人类习惯的思维方法一致。面向对象方法和技术以对象为核心。对象是由数据和允许的操作组成的封装体，与客观实体有直接的关系。对象之间通过传递消息互相联系，以模拟现实世界中不同事物彼此之间的联系。

面向对象方法与传统的面向过程方法有本质上的不同，这种方法的基本思理是：使用现实世界的概念抽象地思考问题，从而自然地解决问题。它强调模拟现实世界中的概念而不强调算法，它鼓励开发者在软件开发的绝大部分过程中都用应用领域的要领去思考。

② 稳定性好。

③ 可重用性好。软件重用是指在不同的软件开发过程中重复使用作用相同或相似软件元素的过程。重用是提高软件生产效率的最主要的方法。

④ 易于开发大型软件产品。

⑤ 可维护性好。

- 用面向对象方法开发的软件稳定性比较好。
- 用面向对象方法开发的软件比较容易修改。
- 用面向对象方法开发的软件比较容易理解。
- 用面向对象方法开发的软件易于测试和调试。

9.3.2 面向对象方法的基本概念

关于面向对象方法的概念有许多不同的看法和定义，但是都涵盖对象及对象属性与方法、类、继承、多态性等几个基本要素。

1. 对象

对象是面向对象方法中最基本的概念。对象可以用来表示客观世界中的任何实体，也就是说，应用领域中有意义的、与所要解决的问题有关系的任何事物都可以作为对象。总之，对象是对问题域中某个实体的抽象表示。例如，书本、课桌、老师、计算机等都可以看作一个对象。

面向对象方法中涉及的对象是系统中用来描述客观事物的一个实体，是构成系统的一个基本单位，它由一组表示其静态特征的属性和它可执行的一组操作组成。

客观世界中的实体通常既具有静态的属性，又具有动态的行为，因此，面向对象方法中的对象是由描述该对象属性的数据，以及可以对这些数据施加的操作封装在一起构成的统一体。对象可以执行的操作表示它的动态行为。

属性即对象所包含的信息，它在设计对象时确定，一般只能通过执行对象的操作来改变。

操作描述了对象执行的功能，通过信息的传递，还可以被其他对象使用。

对象具有以下特点。

① 标识唯一性。指对象是可区分的，并且由对象的内在本质来区分，而不是通过描述来区分。

② 分类性。指可以将具有相同属性和操作的对象抽象成类。

③ 多态性。指同一个操作可以是不同对象的行为。

④ 封装性。从外面看只能看到对象的外部特征，而不知道也无须知道对象的具体结构，以及实现操作的算法。

⑤ 模块独立性。对象是面向对象的软件的基本模块，对象内部各种元素彼此结合得很紧密，内聚性强。

2. 类和实例

类是具有共同属性、共同方法的对象的集合，是关于对象的抽象描述，反映属于该对象类型的所有对象的性质。一个具体对象则是其对应类的一个实例。

需要注意的是，“实例”这个术语，必然是指一个具体的对象。“对象”这个术语，既可以指一个具体的对象，也可以泛指一般的对象。因此，在使用“实例”这个术语的地方，都可以用“对象”来代替；而使用“对象”这个术语的地方，则不一定能用“实例”来代替。

例如，“大学生”是一个大学生类，它描述了所有大学生的性质。因此，任何大学生都是“大学生”类的一个对象（这里的“对象”不可以用“实例”来代替），而一个具体的大学生“张三”是“大学生”类的一个实例。

类是关于对象性质的描述，它同对象一样，包括一组数据属性和对数据的一组合法操作。

3. 消息

消息传递是对象之间通信的手段，一个对象通过向另一对象发送消息来请求其服务。

消息机制统一了数据流和控制流。消息的使用类似于函数调用。通常一个消息由下述3部分组成。

① 消息选择符（也称为消息名）。

② 0个或多个参数。

③ 接收消息的对象名称。

消息只告诉接收对象需要完成什么操作，但并不指示怎样完成操作。消息完全由接收对象解释，独立决定采用什么方法来完成所需的操作。

一个对象能够接收不同形式、不同内容的多个消息；相同形式的消息可以送往不同的对象，不同的对象对于形式相同的消息可以有不同的解释，能够做出不同的反应。一个对象可以同时往多个对象传递消息，两个对象也可以同时向某一个对象传递消息。消息传递过程如图 9.4 所示。

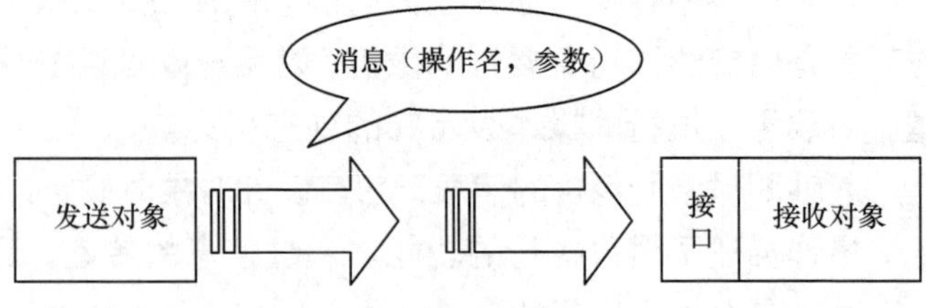

图 9.4　消息传递过程

4. 继承

继承是面向对象方法的一个主要特征。继承是使用已有的类作为基础建立新类的技术。已有的类可当作基类来引用，而新类可当作派生类来引用。

广义地说，继承能够直接获得已有的性质和特征，而不必重复定义它们。

例如，“四边形”类是“矩形”类的父类，“四边形”类可以有“顶点坐标”等属性，有“移动”“旋转”“求周长”等操作。而“矩形”类除了继承“四边形”类的属性和操作外，还可定义自己的属性和操作，如“长”“宽”等属性和“求面积”等操作。

继承具有传递性。如果 Z 类继承 Y 类，Y 类继承 X 类，则 Z 类继承 X 类。因此，一个类实际上继承了它上层的全部基类的特性，也就是说，属于某类的对象除了具有该类定义的特性外，还具有该类上层全部基类定义的特性。

继承分为单继承与多重继承。单继承是指一个类只允许有一个父类，即类等价于树形结构；多重继承是指一个类允许有多个父类。多重继承的类可以组合多个父类的性质构成所需要的性质。

继承的优点是：相似的对象可以共享程序代码和数据结构，从而大大减少了程序中的冗余信息，提高了软件的可重用性，便于修改和维护软件。另外，继承使得用户在开发新的应用系统时不必完全从零开始，可以继承原有的相似系统的功能或者从类库中选取需要的类，再派生出新的类以实现所需的功能。

5. 多态性

对象根据所接收的消息而做出动作，不同的对象接收同样的消息时可做出完全不同的行为，该现象称为多态性。

在面向对象的软件技术中，多态性是指可以像使用父类对象那样使用子类对象，同样的消息既可以发送给父类对象，也可以发送给子类对象。

例如，一般类 polygon（多边形）定义了一个方法 Show，用该方法显示自身，但并不确定执行时到底画一个什么图形。特殊类 square 和 rectangle 都继承了 polygon 类的显示操作，但其实现的结果却不同，把名为 Show 的消息发送给一个 rectangle 类的对象时会在屏幕上画矩形，而将同样的消息发送给一个 square 类的对象则会在屏幕上画一个正方形。图 9.5 所示为多态性的表现。

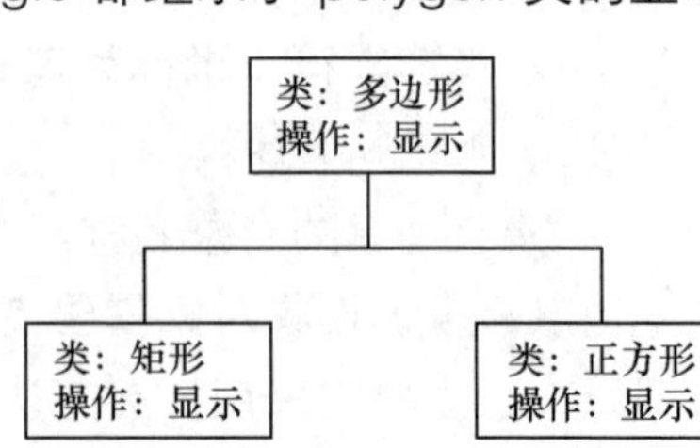

图 9.5　多态性

多态性机制不仅增强了面向对象软件系统的灵活性，进一步减少了信息冗余，而且显著提高了软件的可重用性和可扩充性。

第 10 章 软件工程基础

10

10.1 软件工程的基本概念

1. 软件的定义

软件由以下两部分组成。

- 计算机可执行的程序和数据。
- 计算机不可执行的，与软件开发、运行、维护、使用等有关的文档。

软件的构成如表 10.1 所示。软件是由程序、数据及相关文档构成的完整集合，它与硬件一起组成计算机系统。

表 10.1 软件各组成部分及其含义

组成部分	含 义
程序	软件开发人员依据用户需求开发的，用某种程序设计语言描述的，能够在计算机中执行的语句序列
数据	使程序能够正常操纵信息的数据结构
文档	与程序开发、维护和使用有关的资料

我国国家标准简称国标（GB），其中对软件（Software）完整的定义是：与计算机系统操作有关的计算机程序、规程、规则，以及可能有的文件、文档及数据。

2. 软件的分类

软件按功能分为系统软件、应用软件、支撑软件（或工具软件）。

系统软件是管理计算机的资源，提高计算机的使用效率，为用户提供各种服务的软件。例如，操作系统（Operation System，OS）、数据库管理系统（DataBase Management System，DBMS）、编译程序、汇编程序、网络软件等。系统软件是最靠近硬件的软件。

应用软件是为了应用于特定的领域而开发的软件。例如，我们熟悉的 Word 2016、QQ、FlashGet 等软件属于应用软件。

工具软件是介于系统软件和应用软件之间，协助用户开发软件的工具型软件，其中包括帮助程序开发人员开发和维护软件产品的工具软件，也包括帮助管理人员控制开发进程和管理项目的工具软件。例如，Delphi、PowerBuilder 等。

3. 软件危机

随着软件规模的扩大，软件本身的复杂性不断增强，研制周期显著变长，正确性难以保证，软件开发成本上涨，生产效率急剧下降，从而出现了人们难以控制软件发展的局面，即所谓的“软件危机”。软件危机主要表现在以下几点。

① 用户需求的增长得不到满足。

② 软件开发成本和进度无法控制。

③ 软件质量难以保证。

④ 软件不可维护或维护程度非常低。

⑤ 软件成本不断提高。

⑥ 软件生产效率的赶不上硬件的发展和用户需求的增长速度。

总之，可以将软件危机归结为软件的成本、质量和生产效率等问题。

4. 软件工程的产生

为了摆脱软件危机，北大西洋公约组织（North Atlantic Treaty Organization，NATO）于 1968 年和 1969 年两次召开会议，认识早期软件开发中所存在的问题和产生问题的原因，并提出软件工程的概念。

国标中指出软件工程是应用于软件的定义、开发和维护的一整套方法、工具、文档、实践标准和工序。

软件工程包括 3 个要素，即方法、工具和过程。方法是完成软件工程的技术手段；工具支持软件的开发、管理、文档生成；过程支持软件开发各个环节的控制、管理。

自软件工程概念提出以来，该研究领域吸引了众多的学者，并开展了大量的理论和技术的研究，形成了“软件工程学”这一计算机科学分支。它所包含的内容可概括为以下两点。

① 软件开发技术：主要有软件开发方法学、软件工具、软件工程环境。

② 软件工程管理：主要有软件管理、软件工程经济学。

5. 软件生命周期

（1）软件生命周期的概念

一个软件从定义、开发、使用和维护，直到最终被废弃，要经历一个漫长的时期，通常把软件从提出、实现、使用、维护到停止使用、退役的过程称为软件生命周期。软件生命周期分为 3 个时期共 8 个阶段。

① 软件定义期：包括问题定义、可行性研究和需求分析 3 个阶段。

② 软件开发期：包括概要设计、详细设计、实现和测试 4 个阶段。

③ 运行维护期：运行和维护阶段。

软件生命周期各个时期的活动可以有重复，执行时也可以有迭代，如图 10.1 所示。

（2）软件生命周期各阶段的主要任务

图 10.1 所示的软件生命周期各阶段的主要任务如下。

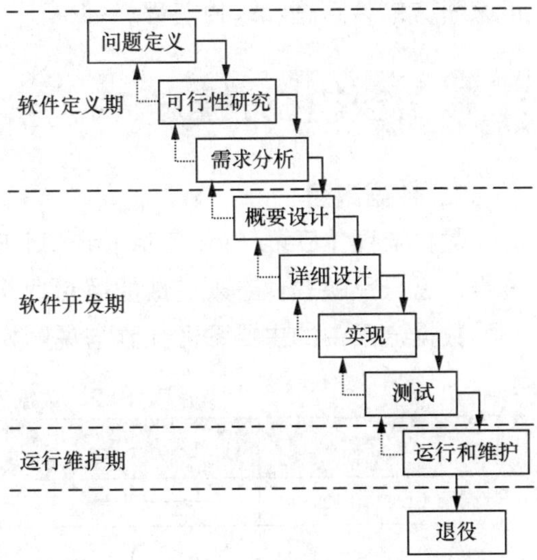

图 10.1 软件生命周期

① 问题定义。确定要解决的问题是什么。

② 可行性研究。确定该问题是否存在一个可行的解决办法，制订开发任务的实施计划。

③ 需求分析。对用户的需求进行分析并给出详细定义。编写软件需求规格说明书及初步的用户手册，提交评审。

④ 软件设计。通常分为概要设计和详细设计两个阶段，给出软件的结构、划分的模块、分配的功能及处理流程。该阶段提交评审的文档有概要设计说明书、详细设计说明书和测试计划初稿。

⑤ 实现。在软件设计的基础上编写程序。该阶段需要完成的文档有用户手册、操作手册等面向用户的文档，以及为下一步做准备而编写的单元测试计划。

⑥ 测试。在设计测试用例的基础上，检验软件的各个组成部分。编写测试分析报告。

⑦ 运行和维护。将已交付的软件投入运行，同时不断地维护软件，对软件进行必要而且可行的扩充和删改。

6. 软件工程的目标

软件工程的目标：在给定成本、进度的前提下，开发出具有有效性、可靠性、可理解性、可维护性、可重用性、可适应性、可移植性、可追踪性和可互操作性且满足用户需求的产品。

软件工程研究的内容主要包括：软件开发技术和软件工程管理。

（1）软件开发技术

软件开发技术包括软件开发方法学、开发过程、开发工具和软件工程环境，其主体内容是软件开发方法学。

软件开发方法学根据不同的软件类型，按不同的观点和原则，对软件开发中应有的策略、原则、步骤和必须产生的文档资料做出规定，从而使软件的开发过程能够规范化和工程化，以克服早期的手工开发方式中的随意性和非规范性。

（2）软件工程管理

软件工程管理包括软件管理学、软件工程经济学、软件心理学等内容。软件工程管理是软件按工程化生产时的重要环节，它要求按照预先制订的计划、进度和预算执行，以实现预期的经济效益和社会效益。

软件工程管理包括人员组织、进度安排、质量保证、成本核算等。软件工程经济学是研究软件开发中对成本的估算、成本效益分析的方法和技术；它应用经济学的基本原理来研究软件开发中的经济效益问题。软件心理学从个体心理、人类行为、组织行为和企业文化等角度来研究软件管理和软件工程。

10.2 结构化分析方法

1. 数据流图

数据流图（Data Flow Diagram，DFD）以图形的方式描绘数据在软件中流动和处理的过程，它只反映软件必须完成的逻辑功能，所以是一种功能模型。

数据流图中的主要图形元素与说明如表 10.2 所示。

表 10.2　数据流图的主要图形元素与说明

名　称	图　形	说　明
数据流（Data Flow）		沿箭头方向传送数据的通道，一般在数据流图旁边标注数据流名称
加工（Process）		又称转换，输入数据经加工、变换产生输出
文件（File）		又称数据源，表示处理过程中存放各种数据的文件
源/潭（Source/Sink）	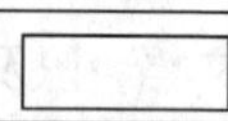	表示软件和环境的接口，属于软件之外的实体

绘制数据流图的基本原则如下。

① 数据流图上所有的基本图形符号一般是上述的 4 种主要图形元素。

② 数据流图的主图必须含有前面所述的 4 种主要图形元素，缺一不可。

③ 数据流图的主图上的数据流必须封闭在外部实体之间，外部实体可以是一个，也可以是多个。

④ 变换框至少有一个输入数据流和一个输出数据流。

⑤ 图上的每个元素都必须命名。

⑥ 任何一个数据流图的子图必须与它的父图上的一个变换框对应，两者的输入数据流和输出数据流必须一致。

2. 数据字典

数据字典（Data Dictionary，DD）是数据流图中所有元素的定义的集合，是结构化分析的核心。

数据流图和数据字典共同构成软件的逻辑模型，若没有数据字典，数据流图就不严格；若没有数据流图，数据字典难以发挥作用。

数据字典中有 4 种类型的条目：数据流、数据项、数据存储和加工。

在数据字典各条目的定义中，常使用表 10.3 所示的符号。

表 10.3　数据字典定义式中出现的符号及其含义

符　号	含　义
=	表示“等价于”“定义为”或“由什么构成”
+	表示“和”“与”

续表

符　号	含　义
[...|...]	表示“或”，即从方括号内列出的若干项中选择一个，通常用“|”隔开供选择的项
{}	表示“重复”，即重复花括号内的项，$n\{\}m$表示最少重复n次，最多重复m次
( )	表示“可选”，即圆括号里的项可有可无，也可理解为可以重复0次或1次
**	表示“注解”
..	表示连接符

3. 软件需求规格说明书

软件需求规格说明书（Software Requirement Specification，SRS）是需求分析阶段的最后成果，是软件开发的重要文档之一。

（1）软件需求规格说明书的作用

① 便于用户、开发人员进行理解和交流。

② 反映出用户需求的结构，可以作为软件开发工作的基础和依据。

③ 作为确认测试和验收的依据。

（2）软件需求规格说明书的内容

软件需求规格说明书是作为需求分析阶段的一部分而制订的可交付文档。该说明书把在软件开发计划中确定的用户需求范围加以展开，制定出完整的信息描述、详细的功能说明、恰当的检验标准及与其他要求有关的数据。

（3）软件需求规格说明书的特点

制作软件需求规格说明书是确保软件质量的有力措施。衡量软件需求规格说明书质量好坏的标准、标准的优先级及标准的内涵如下。

① 正确性：软件需求规格说明书首先要正确地反映待开发软件，体现软件的真实要求。

② 无歧义性：对每一个需求不能有两种解释。

③ 完整性：软件需求规格说明书要涵盖用户对软件的所有需求，包括功能需求、性能需求、接口需求、设计约束等。

④ 可验证性：软件需求规格说明书描述的每一个需求都可在有限代价的有效过程中验证确认。

⑤ 一致性：各个需求的描述之间不能有逻辑上的冲突。

⑥ 可理解性：为了使用户看懂软件需求规格说明书，应尽量少使用计算机的概念和术语。

⑦ 可修改性：软件需求规格说明书的结构风格在有需要时不难被修改。

⑧ 可追踪性：每个需求的来源和流向是清晰的。

作为设计的基础和验收的依据，软件需求规格说明书应该精确而无二义性，并且简单易懂，这样可以方便后面的设计，便于用户看懂说明书，并且发现和指出其中的错误，以保证软件质量。

10.3 结构化设计方法

1. 软件设计的基础

软件设计是软件工程的重要阶段，是一个把用户需求转换为软件表示的过程。软件设计的基本目标是用比较抽象、概括的方式确定目标软件如何完成预定的任务，也就是说，软件设计的作用是确定软件的物理模型。

软件设计的重要性和地位可以概括为以下几点。

① 软件开发期（设计、编码、测试）的成本占软件项目开发总成本的绝大部分，是保证软件开发质量的关键环节。

② 软件设计是软件开发期最重要的步骤，是将用户需求准确地转化为完整的软件的途径。

③ 软件设计做出的决策，最终会影响软件实现的成败。

④ 软件设计是软件工程和软件维护的基础。

从技术观点上看，软件设计包括软件结构设计、数据设计、接口设计、过程设计。

从工程管理角度来看，软件设计包括概要设计和详细设计。

软件设计的一般过程：先进行高层次的结构设计，然后进行低层次的过程设计，穿插进行数据设计和接口设计。

2. 软件设计的基本原理

软件设计遵循软件工程的基本目标和原则，建立了软件设计中应该遵循的基本原理和与软件设计有关的概念。

① 抽象。抽象是一种思维工具，就是把事物本质上的共同特性提取出来而不考虑其他细节。

② 模块化。把一个待开发的软件分解成若干小的、简单的部分，这些部分称为模块。模块化是指解决一个复杂问题时自顶向下、逐层把软件划分成若干模块的过程。

③ 信息隐蔽。信息隐蔽是指一个模块内包含的信息（过程或数据），对不需要这些信息的其他模块来说这些信息是不能访问的。

④ 模块独立性。模块独立性是指每个模块只完成软件要求的独立的子功能，并且与其他模块的联系很少且接口简单。

模块的独立程度是评价软件设计好坏的重要标准。衡量软件的模块独立性可使用耦合性和内聚性这两个定性的标准。

内聚性是度量一个模块功能强度的相对指标，耦合性则用来度量模块之间的相互联系程度。

耦合可以分为下列几种，它们之间的耦合度按由高到低的顺序排列。

- 内容耦合——若一个模块直接访问另一模块的内容，则称这两个模块之间的耦合为内容耦合。
- 公共耦合——若一组模块都访问同一全局数据结构，则称这一组模块之间的耦合为公共耦合。
- 外部耦合——若一组模块都访问同一全局数据项，则称这一组模块之间的耦合为外部耦合。

- 控制耦合——若一个模块明显地把开关量、名字等信息送入另一个模块，以控制另一个模块的功能，则称这两个模块之间的耦合为控制耦合。
- 标记耦合——若两个以上的模块都需要其余某一数据结构的子结构，不使用其余全局变量的方式而使用记录传递的方式，这样的耦合称为标记耦合。
- 数据耦合——若一个模块访问另一个模块，被访问模块的输入和输出都是数据项参数，则称这两个模块之间的耦合为数据耦合。
- 非直接耦合——若两个模块没有直接关系，它们之间的联系完全是通过程序的控制和调用来实现的，则称这两个模块之间的耦合为非直接耦合，这样的耦合独立性最强。

内聚从功能角度来度量模块的联系，它描述的是模块内的功能联系。内聚有以下几种，它们之间的内聚度按由弱到强的顺序排列。

- 偶然内聚——这种模块中的代码无法定义其不同功能的调用，但它使该模块能执行不同的功能，这种模块称为偶然内聚模块。
- 逻辑内聚——这种模块把几种相关的功能组合在一起，每次模块被调用时，由传送给模块的参数来确定该模块应完成哪一种功能。
- 时间内聚——这种模块可以按顺序完成一类相关功能，如初始化模块，它可以按顺序为变量赋初值。
- 过程内聚——如果一个模块内的处理元素是相关的，而且必须以特定次序执行，则该模块为过程内聚模块。
- 通信内聚——这种模块除了具有过程内聚的特点外，还有另外一种关系，即它的所有功能都使用公用数据来发生关系。
- 顺序内聚——如果一个模块内各个处理元素和同一个功能密切相关，而且这些处理必须按顺序执行，即一个处理元素的输出数据作为下一个处理元素的输入数据，则该模块为顺序内聚模块。
- 功能内聚——如果一个模块包括为完成某一具体任务所必需的所有成分，或者说模块中所有成分结合起来是为了完成一个具体的任务，则此模块为功能内聚模块。

耦合性与内聚性是模块独立性的两个定性标准，耦合性与内聚性是相互关联的。在程序结构中，各模块的内聚性越强，则耦合性越弱。较优秀的软件设计应尽量做到高内聚、低耦合，即降低模块之间的耦合性和提高模块间的内聚性，有利于提高模块的独立性。

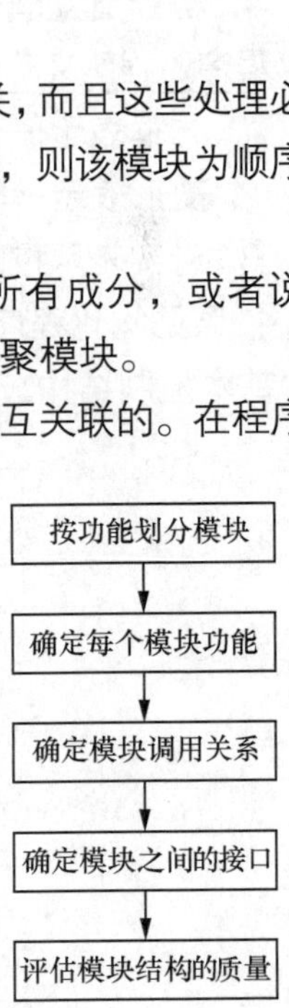

图 10.2　软件结构设计过程

3. 概要设计任务

概要设计又称为总体设计，软件概要设计的基本任务如下。

（1）设计软件结构

为了实现目标软件，先进行软件结构设计，如图 10.2 所示。

（2）数据结构及数据库设计

数据设计是实现需求定义和规格说明中提出的数据对象的逻辑表示。

（3）编写概要设计文档

概要设计阶段的文档有概要设计说明书、数据库设计说明书、集成测试计划等。

（4）评审概要设计文档

在文档编写完成后，要对设计部分是否完整地实现需求中规定的功能、性能等要求，设计方案的可行性，关键的处理及内外部接口定义的正确性、有效性，各部分之间的一致性等进行评审，以免在以后的设计中出现大的问题导致返工。

结构图（Structure Chart，SC）也称为程序结构图，是描述软件结构的图形工具，是常用的软件结构设计工具。

结构图的基本图符及含义如表 10.4 所示。

表 10.4　结构图的基本图符及其含义

概　　念	含　义	图　　符
模块	一个矩形代表一个模块，矩形内注明模块的名字或主要功能	一般模块
调用关系	矩形之间的箭头（或直线）表示模块的调用关系	调用关系
信息	用带注释的箭头表示模块调用过程中来回传递的信息。如果希望进一步标明传递的信息是数据信息还是控制信息，则可用带实心圆的箭头表示控制信息，用带空心圆的箭头表示数据信息	数据信息 控制信息

软件的结构图是软件的模块层次结构，反映了整个软件的功能实现。

结构图有 4 种常用的模块类型：传入模块、传出模块、变换模块和协调模块。

4．程序流程图

程序流程图又称为程序框图，在程序流程图中，构成程序流程图的最基本图符及含义如下。

① 方框表示一个加工步骤。

② 菱形表示一个逻辑条件。

③ 箭头表示控制流。

按照结构化程序设计的要求，程序流程图构成的所有程序描述可分解为图 10.3 所示的 5 种基本控制结构，它们的含义如下所述。

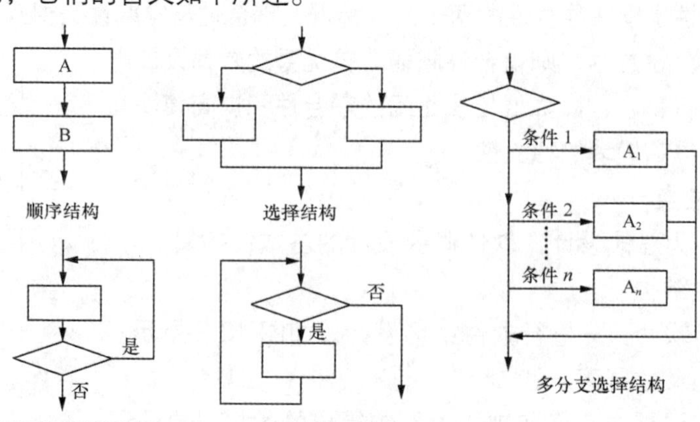

图 10.3　程序流程图的 5 种基本控制结构

① 顺序结构：由几个连续的加工步骤依次排列构成。

② 选择结构：由某个逻辑判断式的取值决定选择两个加工步骤中的哪一个。

③ WHILE 型循环结构：先判断循环控制条件是否成立，成立则执行循环体语句。

④ UNTIL 型循环结构：重复执行某些特定的加工步骤，直到控制条件成立。

⑤ 多分支选择结构：列举多种加工步骤，根据控制变量的取值，选择执行其中之一。

把图 11.3 所示的 5 种基本控制结构相互组合或嵌套，可以构成任何复杂的程序流程图。程序流程图不易表示数据结构。

10.4 软件测试

10.4.1 软件测试的目的与准则

1. 软件测试的目的

格伦福特・金迈尔斯（Grenford.J.Myers）给出了软件测试的目的。

① 软件测试是为了发现程序中的错误而执行的过程。

② 好的测试用例很可能发现尚未发现的错误。

③ 一次成功的软件测试可以发现之前未发现的错误。

软件测试的目的是发现软件中的错误，但是，暴露错误并不是软件测试的最终目的。软件测试的根本目的是尽可能多地发现并排除软件中隐藏的错误。

2. 软件测试的准则

根据软件测试的目的，为了能设计出有效的测试方案，以及好的测试用例，软件测试人员必须深入理解并正确运用以下软件测试的基本准则。

① 所有软件测试都应追溯到用户需求。

② 在软件测试之前制订测试计划，并严格执行。

③ 充分注意软件测试中的群集现象。

④ 避免由程序的编写者测试自己的程序。

⑤ 不可能进行穷举测试。

⑥ 妥善保存测试计划、测试用例、出错统计和最终分析报告，为软件维护提供方便。

10.4.2 软件测试方法

软件测试具有多种方法，根据软件是否需要被执行，可以分为静态测试和动态测试。如果按照功能划分，设计测试用例的方法可以分为白盒测试和黑盒测试。

1. 静态测试与动态测试

静态测试一般是指人工评审软件文档或程序，以发现其中的错误。由于被评审的文档或程序不必运行，所以称为静态测试。静态测试包括代码检查、静态结构分析、代码质量度量等。静态测试可以人工运行，充分发挥人的逻辑思维优势，也可以借助软件工具自主运行。

动态测试是指普通的上机测试，这种方法可以控制程序运行，并从多种角度观察程序运行时的行为，以发现其中的错误。动态测试是否能够发现错误取决于测试用例的设计。在动态测试中设计测试用例方法一般有两类：黑盒测试方法和白盒测试方法。

设计高效、合理的测试用例是动态测试的关键。测试用例是为软件测试设计的数据。测试用例由软件测试的输入数据和与之对应的预期输出结果两部分组成。测试用例的格式如下：

[(输入值集), (输出值集)]

2. 白盒测试与测试用例设计

白盒测试又称为结构测试或逻辑驱动测试。它允许测试人员利用程序内部的逻辑结构及有关信息来设计或选择测试用例，对程序所有的逻辑路径进行测试。白盒测试在程序内部进行，主要用于完成软件内部操作的验证。

白盒测试的基本原则：保证所测模块中每一个独立路径至少执行一次；保证所测模块中所有判断的每一个分支至少执行一次；保证所测模块的每一个循环都在边界条件和一般条件下至少执行一次；验证所有内部数据结构的有效性。

白盒测试的方法主要有逻辑覆盖测试和基本路径测试。

（1）逻辑覆盖测试

泛指一系列以程序内部的逻辑结构为基础的测试用例设计技术。通常所指的程序内部的逻辑结构有判断、分支、条件 3 种表示方式。

① 语句覆盖。语句覆盖是一个比较弱的测试标准，它的含义是，选择足够的测试用例进行软件测试，使得程序中的每一条语句都能执行一次。

② 路径覆盖。执行足够的测试用例，使程序中所有的可能路径都至少经历一次。

③ 判定覆盖。设计足够的测试用例，使得程序中的每个判定至少都获得一次“真”值和“假”值。判定覆盖要比语句覆盖严格，因为如果每个分支都执行过了，则每条语句也执行过了。

④ 条件覆盖。对于每个判定中所包含的若干个条件，应设计足够多的测试用例，使得判定中的每个条件都取到“真”和“假”两个不同的结果。条件覆盖通常比判定覆盖强，但有的测试用例满足条件覆盖而不满足判定覆盖。

⑤ 判断-条件覆盖。设计足够多的测试用例，使得判定中的每个条件都能取得各种可能的“真”值和“假”值，并且使每个判定都能取得“真”和“假”两种结果。

（2）基本路径测试

它的思想和步骤是，根据软件过程性描述中的控制流程确定程序的环路复杂性度量，用此度量定义基本路径集合，并由此导出一组测试用例来对每一条独立执行路径进行测试。

3. 黑盒测试与测试用例设计

黑盒测试又称为功能测试或数据驱动测试，着重测试软件功能。白盒测试在测试过程的早期阶段进行，而黑盒测试主要用于软件的确认测试。

黑盒测试完全不考虑程序内部的逻辑结构和处理过程。黑盒测试在软件接口处进行，检查和验证程序的功能是否符合软件需求规格说明书的功能说明。

常用的黑盒测试方法和技术有：等价类划分法、边界值分析法、错误推测法等。

（1）等价类划分法

等价类划分法是一种常用的黑盒测试方法，这种方法是先把程序中所有可能的输入划分成若干个等价类，然后根据等价类选取相应的测试用例。每个等价类中各个输入发现程序中错误的概率几乎是相同的。因此，从每个等价类中只取一组数据作为测试用例，这样选取的测试用例最有代表性，最可能发现程序中的错误，并且大大减少了需要的测试用例的数量。

（2）边界值分析法

边界值分析法是对各种输入、输出范围的边界情况设计测试用例的方法。

大量的实践表明，程序在处理边界值时容易出错，因此设计一些测试用例，使程序运行在边界附近，这样发现程序中错误的可能性就更大。

选取的测试用例应该刚好等于、小于和大于边界值。也就是说，按照边界值分析法，应该选取刚好等于、稍小于和稍大于等价类边界值的数据作为测试用例，而不是选取每个等价类内的典型值或任意值作为测试用例。

通常设计测试方案时总是把等价类划分法和边界值分析法结合使用。

（3）错误推测法

① 错误推测法概念。错误推测法是一种凭直觉和经验推测某些可能存在的错误，从而针对这些可能存在的错误设计测试用例的方法。这种方法没有机械的执行过程，主要依靠直觉和经验。

错误推测法针对性强，可以直接切入可能的错误，直接定位，是一种非常实用、有效的方法，但是需要测试人员有非常丰富的经验。

② 错误推测法的实施步骤。先对被测试软件列出所有可能出现的错误和易错情况表，然后基于该表设计测试用例。

10.4.3 软件测试的实施

软件测试是保证软件质量的重要手段，软件测试是使用人工手段或自动手段来运行或测定某个软件的过程，其目的在于检验软件是否满足规定的需求或弄清预期的结果与实际结果之间的差别。软件测试是一个过程。

软件测试的实施过程分 4 个步骤，即单元测试、集成测试、确认测试和系统测试。

1. 单元测试

单元测试是对软件设计的最小单位——模块（程序单元）进行正确性检验测试。单元测试的目的是发现各模块内部可能存在的各种错误。

单元测试的依据是详细的设计说明书和源程序。

单元测试的技术可以采用静态分析和动态测试。动态测试通常以白盒动态测试为主，辅之以黑盒测试。

单元测试针对单个模块，这样的模块通常不是一个独立的程序，需要考虑模块之间的调用关系。在单元测试中，用一些辅助模块去模拟与被测模块相联系的其他模块，即为测试模块设计驱动模块和桩模块，进而构成一个模拟的执行环境进行测试。

驱动（Driver）模块就相当于一个“主程序”，它接收测试数据，把这些数据传送给被测试的模块，输出有关的结果。

桩（Stub）模块代替被测试的模块所调用的模块，因此桩模块也可以称为“虚拟子程序”。它接受被测模块的调用，检验调用参数，模拟被调用的子模块的功能，把结果送回被测试的模块。

在软件的结构图中，测试顶层模块时不需要驱动模块，测试底层模块时不需要桩模块。

2. 集成测试

集成测试是测试和组装软件的过程。

集成测试主要发现设计阶段产生的错误，集成测试的依据是概要设计说明书，通常采用黑盒测试。

集成测试的内容主要有以下 4 个方面。

- 软件单元的接口测试。
- 全局数据结构测试。
- 边界条件测试。
- 非法输入测试。

集成的方式可以分为非增量方式和增量方式两种。

非增量方式是先分别测试每个模块，再把所有模块按设计要求组装在一起进行整体测试，因此，非增量方式又称一次性组装方式。

增量方式是把要测试的模块与已经测试好的那些模块连接起来进行测试，测试完以后再把下一个应测试的模块连接进来测试。

增量方式包括自顶向下、自底向上，以及自顶向下和自底向上相结合的混合增量方式。

3. 确认测试

确认测试的任务是检查软件的功能、性能及其他特征是否满足用户的需求，它是以软件需求规格说明书作为依据的测试。确认测试通常采用黑盒测试。

确认测试先测试程序是否满足软件需求规格说明书所列的各项要求，然后进行软件配置复审。复审的目的在于保证软件配置齐全、分类有序，以及软件配置所有成分的完备性、一致性、准确性和可操作性，并且包括软件维护所必需的细节。

4. 系统测试

在确认测试完成后，把软件整体作为一个元素，与硬件、支持软件、数据、人员和其他计算机系统的元素组合在一起，在实际运行环境下对计算机系统进行一系列的集成测试和确认测试，这样的测试称为系统测试。

系统测试的目的是在真实的计算机系统工作环境下检验软件是否能与计算机系统正确连接，发现软件与计算机系统需求不一致的地方。

系统测试的内容包括功能测试、操作测试、配置测试、性能测试、安全性测试和外部接口测试等。

10.5 程序调试

调试（Debug）也称为排错，是执行一次成功的数据测试之后要进行的工作，也就是说，调试是在数据测试发现错误之后排除错误的过程。软件测试贯穿整个软件生命期，而调试主要是在软件开发期进行。

程序调试活动由以下两部分组成。

- 根据错误的迹象确定程序中错误的确切性质、原因和位置。
- 对程序进行修改，排除这个错误。

1. 程序调试的基本步骤

① 错误定位。从错误的外部表现形式入手，研究有关部分的程序，确定程序出错的位置，找出错误的内在原因。

② 修改设计和代码，以排除错误。排错是软件开发过程中的一项艰苦工作，这也决定了调试工作具有很强的技术性和技巧性。

③ 进行回归测试，防止引进新的错误。因为修改程序可能带来新的错误，重复进行揭露这个错误的原始测试或某些有关测试，以检查该错误是否被排除、是否引进了新的错误。

2. 程序调试原则

程序调试活动由对程序中错误的定性和定位，以及排错两部分组成，因此调试原则也从这两个方面来考虑。

（1）错误定性和定位的原则

① 集中思考、分析和错误现象有关的信息。

② 不要“钻死胡同”。如果在调试中陷入困境，可以暂停调试，或者通过讨论寻找新的思路。

③ 不要过分信赖调试工具。调试工具只能提供一种无规律的调试方法，不能代替人思考。

④ 避免用试探法。试探法其实是碰运气的盲目动作，调试成功率很低，是没有办法时采用的办法。

（2）修改错误的原则

① 在错误出现的地方，可能还有其他错误。因为经验表明，错误有群集现象。

② 修改错误的一个常见失误是只修改了这个错误的现象，而没有修改错误本身。如果提出的修改方式不能解释与这个错误有关的全部线索，就表明只修改了错误的一部分。

③ 必须明确，修改一个错误的同时可能会引入新的错误。解决的办法是在修改了错误之后，进行回归测试。

④ 修改错误的过程将迫使人们暂时回到程序设计阶段。修改错误也是程序设计的一种形式，在程序设计阶段所使用的任何方法都可以应用到错误修正的过程中来。

⑤ 修改源代码程序，不要改变目标代码。

第 11 章 数据库设计基础

11

11.1 数据库的基本概念

1. 数据库

数据实际上就是描述事物的符号记录。

数据的特点：有一定的结构，有型与值之分。型有整型、实型、字符型等；而数据的值给出了符合定型的值，如整型值 15。

数据库是数据的集合，具有统一的结构形式并存放于统一的存储介质内，是多种应用数据的集成，并可被各个应用程序共享。

数据库按数据库管理系统所提供的数据模式存放数据，具有集成与共享的特点。

2. 数据库管理系统

数据库管理系统是数据库系统的核心，它是一种系统软件，负责数据库中的数据组织、数据操纵、数据维护、数据控制及保护和数据服务等。常见的数据库管理系统有 Access、Oracle、DB2、SQL Sever、MySQL 等。

数据库管理系统是数据库系统的核心，它位于用户与操作系统之间，从软件分类的角度来说，属于系统软件。

数据库管理系统有以下功能。

① 数据模式定义。数据库管理系统负责为数据库构建数据模式。

② 数据存取的物理构建。数据库管理系统负责为数据模式的物理存取及构建提供有效的方法与手段。

③ 数据操纵。数据库管理系统一般提供查询、插入、修改及删除数据的功能。它还具有做简单算术运算及统计的能力和强大的过程性操作能力。

④ 数据的完整性、安全性定义与检查。数据库中的数据具有内在语义上的关联性与一致性，它们构成了数据的完整性。数据共享可能会引发数据的非法使用，所以必须要对数据准确使用做出必要的规定，并在使用时做检查，这就是数据的安全性。

⑤ 数据库的并发控制与故障恢复。数据库管理系统必须对多个应用程序的并发操作做必要的控制以保证数据不受破坏，这就是数据库的并发控制；数据库中的数据一旦遭受破坏，数据库管理系统必须有能力及时进行恢复，这就是数据库的故障恢复。

⑥ 数据的服务。数据库管理系统提供对数据库中数据的多种服务功能，如数据复制、转储、重组、性能监测、分析等。

为实现以上 6 个功能，数据库管理系统提供了相应的数据语言（Data Language）。

- 数据定义语言（Data Definition Language，DDL）。该语言负责数据的模式定义与数据的物理存取构建。
- 数据操纵语言（Data Manipulation Language，DML）。该语言负责数据的操纵，包括查询、插入、删除、修改等操作。
- 数据控制语言（Data Control Language，DCL）。该语言负责数据完整性、安全性的定义与检查，以及数据库的并发控制、故障恢复等功能。

上述数据语言按其使用方式不同，具有以下两种结构形式。

- 交互式命令语言：它的语言简单，能在终端上即时操作，它又称为自含型或自主型语言。
- 宿主型语言：它一般可嵌入某些宿主语言中，如嵌入 C、C++、COBOL 等高级过程性语言中。

3. 数据库系统

数据库系统（DataBase System，DBS）是指在计算机系统中引入数据库后的系统构成。

数据库系统由数据库（数据）、数据库管理系统、应用系统、数据库管理员、系统平台之一——硬件平台（硬件）、系统平台之二——软件平台（软件）几部分构成。

硬件平台包括以下两项。

- 计算机：它是数据库系统中硬件的基础平台。
- 网络：数据库系统主要建立在网络上，而其结构形成又以客户/服务器（C/S）方式与浏览器/服务器（B/S）方式为主。

软件平台包括以下 3 项。

- 操作系统：它是数据库系统的基础软件平台。
- 数据库系统开发工具：它包括过程性程序设计语言（如 C、C++等），也包括可视化开发工具 VB、PB、Delphi 等，还包括与 Internet 有关的 HTML、XML 等。
- 接口软件：在网络环境下的数据库系统中，数据库与应用程序、数据库与网络间存在着多种接口，它们需要接口软件进行连接，这些接口软件包括 ODBC、JDBC、OLEDB、CORBA、COM、DCOM 等。

4. 数据库应用系统

在数据库系统的基础上，如果使用数据库管理系统软件和数据库系统开发工具编写出应用程序，用相关的可视化工具开发出应用界面，则构成了数据库应用系统（Database Application System，DBAS）。DBAS 由数据库系统、应用软件及应用界面三者组成。

因此，DBAS 包括数据库、数据库管理系统、人员（数据库管理员和用户）、硬件平台、软件平台、应用软件和应用界面 7 个部分。

5. 数据库系统的基本特点

数据库系统的基本特点有数据集成性高、数据的共享性高和冗余性低、数据独立性高、数据统一管理与控制。

11.2 数据模型

1. 数据模型的概念

在数据库中用数据模型这个工具来抽象地表示和处理现实世界中的数据和信息。通俗地讲，数据模型就是现实世界的反映，它分为两个阶段：把现实世界中的客观对象抽象为概念模型；把概念模型转换为某一数据库管理系统支持的数据模型。

从事物的客观特性到计算机中的具体表示包括了现实世界、信息世界和计算机世界 3 个数据领域。

- 现实世界：现实世界就是客观存在的各种事物，是处理用户需求的数据来源。
- 信息世界：以抽象形式对现实世界进行数据库级别的刻画所构成的逻辑模型。
- 计算机世界：在信息世界基础上致力于逻辑模型在计算机物理结构上的描述，从而形成物理模型。

数据模型从抽象层次上描述了数据库系统的静态特征、动态行为和约束条件，因此数据模型通常由数据结构、数据操作及数据约束 3 部分组成。

（1）数据结构

数据结构是所研究的对象类型的集合，是对数据库系统静态特性的描述。数据结构是数据模型的核心，不同的数据结构有不同的操作和约束，人们通常按照数据结构的类型来命名数据模型。例如，将层次结构、网状结构和关系结构的数据模型分别命名为层次模型、网状模型和关系模型。

（2）数据操作

数据操作是相应数据结构上允许执行的操作及操作规则的集合。数据操作是对数据库系统动态特性的描述。

（3）数据约束

数据的约束条件是一组完整性规则的集合。也就是说，具体的应用数据必须遵循特定的语义约束条件，以保证数据正确、有效和相容。

数据模型按不同的应用层次分成 3 种类型，分别为概念数据模型、逻辑数据模型及物理数据模型。

2. E-R 模型

（1）实体（Entity）

现实世界中的事物可以抽象成实体，实体是概念世界中的基本单位，它们是客观存在的且又能相互区别的事物。有共同属性的实体组成的一个集合称为实体集。

（2）属性（Attribute）

现实世界中事物均有一些特性，这些特性可以用属性来表示。属性刻画了实体的特征。一个实体往往可以有若干个属性，每一个属性都可以有值，一个属性的取值范围称为该属性的值域或值集。

（3）联系（Relationship）

实体之间的对应关系称作联系，它反映现实世界中事物之间的相互关联。实体间联系的种类是指一个实体集中可能出现的每一个实体和另一个实体集中的多少个具体实体存在联系，可归纳为以下 3 种类型。

① 一对一联系（1:1）。如果对于实体集 A 中的每一个实体，实体集 B 中至多有一个（也可以没有）实体与之联系，反之，对于实体集 B 中的每一个实体，实体集 A 中至多有一个实体与之联系，则称实体集 A 与实体集 B 具有一对一联系，记为 1:1。例如，一个学校只有一名校长，并且校长不可以在别的学校兼职，则校长与学校的联系就是一对一联系。

② 一对多联系（$1:n$）或多对一联系（$n:1$）。如果实体集 A 中的每一个实体，在实体集 B 中都有多个实体与之对应；实体集 B 中的每一个实体，在实体集 A 中只有一个实体与之对应，则称实体集 A 与实体集 B 是一对多联系。反之，如果实体集 B 中的每一个实体，在实体集 A 中都有多个实体与之对应；实体集 A 中的每一个实体，在实体集 B 中只有一个实体与之对应，则称实体集 A 与实体集 B 是多对一联系。例如，公司的一个部门有多名职员，每一个职员只能在一个部门任职，则部门与职员之间的联系就是一对多联系。

③ 多对多联系（$m:n$）。如果实体集 A 中的每一个实体，在实体集 B 中都有多个实体与之对应，反之，实体集 B 中的每一个实体，在实体集 A 中都有多个实体与之对应，则称这种联系是多对多联系。例如，一个学生可以选修多门课程，一门课程可以被多名学生选修，则学生和课程的联系就是多对多联系。

3. 实体、联系、属性之间的连接关系

E-R 模型的 3 个基本概念是实体、联系和属性，但现实世界是有机联系的整体，为了表示现实世界，必须把这三者结合起来。

（1）实体集（联系）与属性的结合

实体是概念世界中的基本单位，属性依附于实体，它本身并不构成独立单位。一个实体可以有若干个属性，实体及它的所有属性构成了实体的一个完整描述。

属性有值域，每个属性可取值域内的值。

实体有型与值之分，一个实体的所有属性构成了这个实体的型，相同型的实体构成了实体集。

（2）实体（集）与联系的结合

实体（集）间可通过联系建立连接关系。一般而言，实体（集）间无法建立直接关系，它们之间只能通过联系才能建立起连接关系。

4. E-R 模型的图示法

E-R 模型可以用图形来表示，称为 E-R 图。E-R 图可以直观地表达出 E-R 模型。在

E-R 图中我们分别用不同的几何图形表示 E-R 模型中的 3 个概念与两个连接关系。

（1）实体集表示法

在 E-R 图中用矩形表示实体集，在矩形内写上该实体集的名字。例如，实体集学生（student）和实体集课程（course）可用图 11.1(a)来表示。

（2）属性表示法

在 E-R 图中用椭圆形表示属性，在椭圆形内写上该属性的名称。例如，学生有学号（S#）、姓名（Sn）及年龄（Sa）等属性，它们可以用图 11.1(b)来表示。

（3）联系表示法

在 E-R 图中用菱形表示联系，在菱形内写上联系名。例如，学生与课程间的联系 SC，可用图 11.1(c)来表示。

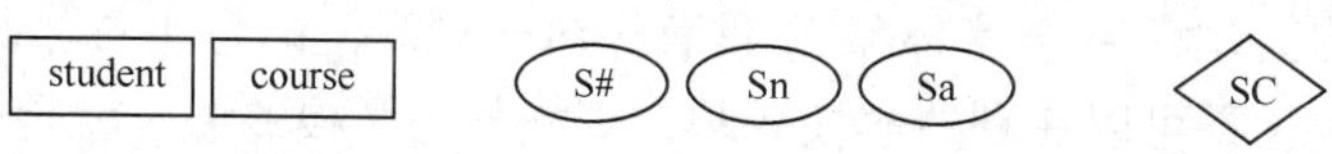

（a）实体集表示法　（b）属性表示法　（c）联系表示法

图 11.1　E-R 模型 3 个概念的示意图

（4）实体集（联系）与属性间的连接关系

属性依附于实体集，因此，它们之间有连接关系。在 E-R 图中这种关系可用连接这两个图形间的无向线段表示（一般用直线）。例如，实体集 student 有属性 S#（学号）、Sn（姓名）及 Sa（学生年龄）；实体集 course 有属性 C#（课程号）、Cn（课程名）及 P#（预修课程号），此时它们可用图 11.2(a)所示的方式连接。

属性也依附于联系，它们之间也有连接关系，因此也可用无向线段表示。例如，联系 SC 可与学生的课程成绩属性 G 建立连接关系并可用图 11.2(b)来表示。

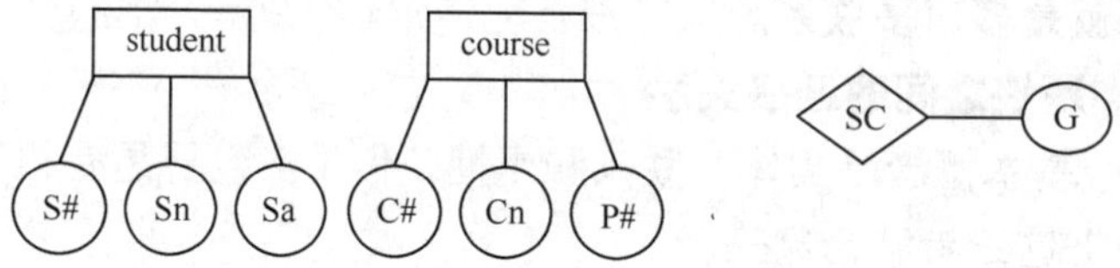

（a）实体集与属性间的连接　（b）联系与属性间的连接

图 11.2　实体集（联系）与属性间的连接关系图

（5）实体集与联系间的连接关系

在 E-R 图中，实体集与联系间的连接关系可用连接这两个图形的无向线段表示。例如，实体集 student 与联系 SC 间有连接关系，实体集 course 与联系 SC 间也有连接关系，因此它们之间可用无向线段相连，在线段边上注明其对应函数关系，如 1∶1、1∶n、n∶m 等，如图 11.3 所示。

图 11.3　实体集与联系间的连接关系

5. 关系模型的数据结构

关系模型（Relation Model）是目前最常用的数据模型之一。关系模型的数据结构非常单一，在关系模型中，现实世界的实体及实体间的各种联系均用关系来表示。

关系模型中常用的术语如下所示。

- 关系：关系模型采用二维表来表示关系，简称表，由表框架及表的元组组成。一个二维表就是一个关系。例如，表 11.1 所示的二维表就是一个关系。
- 属性：二维表中的一列称为一个属性。例如，表 11.1 的属性有学号、姓名、系号等，二维表中属性的个数称为属性元数（Arity）。表 11.1 中的关系属性元数为 5。
- 值域：每个属性的取值范围称为值域。例如，表 11.1 中年龄属性的值域不能为负数。
- 元组：二维表中的一行称为一个元组。例如，表 11.1 中的(06001,方铭,01,22,男)就是一个元组。

一个元组由若干个元组分量组成，每个元组分量是属性的投影值。元组分量的个数等于属性元数，表中元组的个数称为表的基数（Cardinality）。

- 候选码：二维表中能唯一标识元组的最小属性集。例如，在表 11.1 中，如果姓名不允许重名，则学号和姓名都是候选码。
- 主键（主码）：若一个二维表有多个候选码，则选定其中一个作为主键供用户使用。例如，表 11.1 中存在两个候选码，即学号和姓名，若选中学号作为唯一标识，那么，学号就是学生登记表关系的主键。

二维表中一定有键，因为即使表中所有属性的子集均不是键，表中属性的全集也必为键（称为全键），所以二维表中也一定有主键。

- 外键（外码）：表 M 中的某属性集是表 N 的候选码或者主键，则称该属性集为表 M 的外键或外码。例如，表 11.2 所示的系信息表关系的主键是系号，那么，学生登记表中的系号就是外键。

表 11.1　学生登记表

学　号	姓　名	系　号	年　龄	性　别
06001	方铭	01	22	男
06003	张静	02	22	女
06234	白穆云	03	21	男

表 11.2　系信息表

学　号	系　名	系　号
06001	计算机	01
06003	物理	02
06234	数学	03

关系具有以下 7 个性质。

① 元组个数有限性：二维表中元组的个数是有限的。

② 元组的唯一性：二维表中任意两个元组不能完全相同。

③ 元组的次序无关性：二维表中元组的次序，即行的次序可以任意交换。

④ 元组分量的原子性：二维表中元组的分量是不可分割的基本数据项。

⑤ 属性名的唯一性：二维表中不同的属性要有不同的属性名。

⑥ 属性的次序无关性：二维表中属性的次序可以任意交换。

⑦ 分量值域的同一性：二维表属性的分量具有与该属性相同的值域，或者说列是同质的。

满足以上 7 个性质的二维表称为关系，以二维表为基本结构所建立的模型称为关系模型。

6. 关系模型的完整性约束

关系模型中可以有 3 类完整性约束：实体完整性约束、参照完整性约束和用户定义的完整性约束。其中前两种完整性约束是关系模型，前两种完整性约束是任何一个关系数据库都必须满足的，由关系数据库管理系统自动支持；用户定义的完整性约束是用户使用由关系数据库提供的完整性约束语言来写出的约束条件，运行时由数据库系统自动检查。

（1）实体完整性约束（Entity Integrity Constraint）

该约束要求关系的主键中属性值不为空值，这是数据库完整性的最基本要求。

（2）参照完整性约束（Reference Integrity Constraint）

该约束是关系之间相关联的基本约束，它不允许关系引用不存在的元组，即在关系中的外键要么是所关联关系中实际存在的元组，要么就为空值。

（3）用户定义的完整性约束（User defined Integrity Constraint）

用户定义的完整性约束就是针对某一具体关系数据库的约束条件。它反映某一具体应用所涉及的数据必须满足的语义要求。例如，某个属性的取值范围为 1～200，某个属性必须取唯一值等。

11.3 关系代数的基本运算

由于操作是对关系的运算，而关系是有序组的集合，因此可以将操作看成集合的运算。

1. 插入

设关系 R 需要插入若干元组，要插入的元组组成关系 R′，则插入可用集合并运算表示为：R∪R′。

2. 删除

设关系 R 需要删除一些元组，要删除的元组组成关系 R′，则删除可用集合差运算表示为：R–R′。

3. 修改

修改关系 R 内的元组内容可用下面的方法实现。

① 设需修改的元组构成关系 R′，则先做删除运算得：R–R′。

② 设修改后的元组构成关系 R″，此时将其插入即得到结果：(R–R′)∪R″。

4. 查询

用于查询的 3 个操作无法用传统的集合运算表示，需要引入一些新的运算。

（1）投影运算

从关系模型中指定若干个属性组成新的关系称为投影。对 R 关系进行投影运算的结果记为 $\pi_A(R)$，其形式定义如下：

$$\pi_A(R)=\{\ t[A] \mid t\in R\}$$

其中，A 为 R 中的属性列。

例如，对关系 R 中的“系”属性进行投影运算，记为 $\pi_{系}(R)$，得到无重复元组的新关系 S，如图 11.4 所示。

关系 R

姓名	性别	系
李明	男	新闻
赵刚	男	建筑
张圆	女	通信
王晓	男	电子
李健	男	数据
李文	男	建筑

投影运算后得到的新关系S

系
新疗
建筑
通信
电子
数学

图 11.4　投影运算示意图

（2）选择运算

从关系中找出满足给定条件的元组的操作称为选择。选择的条件以逻辑表达式给出，使得逻辑表达式为真的元组将被选取。选择是在二维表中选出符合条件的行，形成新的关系的过程。

选择运算用公式表示为：

$$\sigma_F(R)=\{\ t \mid t\in R\ 且\ F(t)为真\}$$

其中，F 表示选择条件，它是一个逻辑表达式，取逻辑值“真”或“假”。

逻辑表达式 F 由逻辑运算符¬、∧、∨连接的各算术表达式组成。算术表达式的基本形式为：

$$X\theta Y$$

其中，θ 表示比较运算符>、<、≤、≥、=或≠。X、Y 等是属性名，或为常量，或为简单函数；属性名也可以用它的序号来代替。

例如，在关系 R 中选择出“系”为“建筑”的学生，表示为 $\sigma_{系=建筑}(R)$，得到新的关系 S，如图 11.5 所示。

关系 R

姓名	性别	系
李明	男	新闻
赵刚	男	建筑
张圆	女	通信
王晓	男	电子
李健	男	数学
李文	男	建筑

选择运算后得到的新关系 S

姓名	性别	关系
赵刚	男	建筑
李文	男	建筑

图 11.5　选择运算示意图

（3）笛卡儿积运算

设有 n 元关系 R 和 m 元关系 S，它们分别有 p 个和 q 个元组，则 R 与 S 的笛卡儿积记为 R×S。

它是一个 $m+n$ 元关系，元组个数是 $p\times q$。

关系 R 和关系 S 进行笛卡儿积运算的结果 T 如图 11.6 所示。

关系 R

A	B	C
a	b	21
b	a	19
c	d	18
d	f	22

关系 S

A	B	C
b	a	19
d	f	22
f	h	19

关系 T=R×S

R.A	R.B	R.C	S.A	S.B	S.C
a	b	21	b	a	19
a	b	21	b	f	22
a	b	21	f	h	19
b	a	19	b	a	19
b	a	19	b	f	22
b	a	19	f	h	19
c	d	18	b	a	19
c	d	18	d	f	22
c	d	18	f	h	19
d	f	22	b	a	19
d	f	22	d	f	22
d	f	22	f	h	19

图 11.6　笛卡儿积运算示意图

11.4 数据库设计方法和步骤

11.4.1　数据库设计概述

1. 数据库设计的概念

数据库设计是指对于一个给定的应用环境，构造最优的数据库模式，建立数据库及其应用系统，使之能够有效地存储数据，满足各种用户的应用需求（信息需求和处理需求）。

从数据库设计的定义可以看出，数据库设计的基本任务是根据用户的信息需求（对数据库的静态需求）、处理需求（对数据库的动态需求）和数据库的支持环境（包括硬件、操作系统与数据库管理系统）设计出数据模式。

数据库设计的根本目标是解决数据共享问题。

2. 数据库设计方法

数据库设计方法有两种，一种方法是以信息需求为主，兼顾处理需求，称为面向数据的方法（Data-oriented Approach）；另一种方法是以处理需求为主，兼顾信息需求，称为面向过程的方法（Process-oriented Approach）。其中，面向数据的方法是主流的数据库设计方法。

3. 数据库设计的步骤

数据库设计目前一般采用生命周期法，即将整个数据库应用系统的开发分解成目标独立的若干阶段。它们是需求分析阶段、概念设计阶段、逻辑设计阶段、物理设计阶段、编码阶段、测试阶段、运行阶段、进一步修改阶段。在数据库设计时采用上面几个阶段中的前 4 个阶段，并且主要以数据结构与模型的设计为主线，如图 11.7 所示。

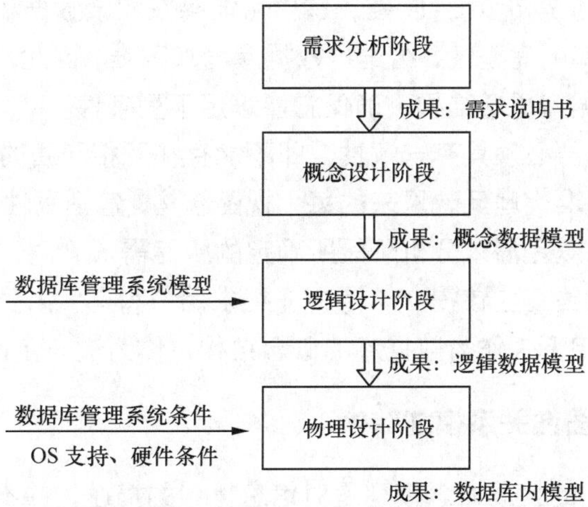

图 11.7　数据库设计的 4 个阶段

11.4.2　数据库概念设计过程

数据库概念设计最常用的方法为 1976 年提出的实体–联系方法，简称 E–R 方法。它采用 E–R 模型，将现实世界的信息结构统一用实体、属性及实体之间的联系来描述。它按照“视图集成设计法”分为选择局部应用、视图设计和视图集成 3 个步骤。

1. 选择局部应用

根据数据库系统的具体情况，在多层的数据流图中选择一个适当层次的数据流图，让这组数据流图中的每一部分对应一个局部应用，以这一层次的数据流图为出发点，设计分 E–R 图。

2. 视图设计

视图设计的策略通常有以下 3 种。

① 自顶向下。即先从抽象级别高且普遍性强的对象开始逐步细化、具体化与特殊化，最后形成一个完整的视图。

② 由底向上。即先从具体的对象开始，逐步抽象化、普遍化与一般化，最后形成一个完整的视图。

③ 由内向外。即先从最基本与最明显的对象着手，逐步扩充至非基本、不明显的其他对象，最后形成一个完整的视图。

3. 视图集成

视图集成的实质是将所有的局部视图统一合并成一个完整的数据模式。在进行视图集成时，最重要的工作便是解决局部设计中的冲突。常见的冲突有下列几种。

① 命名冲突。命名冲突有同名异义和同义异名两种。

② 概念冲突。同一概念在一处为实体而在另一处为属性或联系。

③ 域冲突。相同的属性在不同视图中有不同的值域，有些属性采用不同度量单位的情况也为域冲突。

④ 约束冲突。不同的视图可能有不同的约束。

视图经过合并生成的是初步 E-R 图，其中可能存在冗余数据和冗余联系。冗余数据和冗余联系容易破坏数据库的完整性，给维护数据库增加困难。因此，必须进一步验证视图集成后所形成的整体的数据库概念结构，确保它能满足下列条件。

① 整体概念结构内部必须具有一致性，即不能存在互相矛盾的表达。

② 整体概念结构能准确地反映原来的每个视图结构，包括属性、实体及实体间的联系。

③ 整体概念结构能满足需求分析阶段所确定的所有需求。

④ 整体概念结构最终还应该提交给用户，征求用户和有关人员的意见，进行评审、修改和优化，然后把它确定下来作为数据库的概念结构，作为进一步设计数据库的依据。

11.4.3 从 E-R 图向关系模式转换

采用 E-R 方法得到的全局概念模型是对信息世界的描述，并不适用于计算机处理，为了适用于关系数据库系统的处理，必须将 E-R 图转换成关系模式，这就是逻辑设计的主要内容。E-R 图是由实体、属性和联系组成的，而关系模式中只有一种元素——关系。通常转换的方法如表 11.3 所示。

表 11.3 E-R 模型与关系模型间的转换

E-R 模型	关系模式	E-R 模型	关系模式
实体	元组	属性	属性
实体集	关系	联系	关系

关系模式中的名称可以用 E-R 图原有名称，也可另外命名，但是应尽量避免重名。关系数据库管理系统一般只支持有限种数据类型，而 E-R 图中的属性的值域则不受此限制，如出现关系数据库管理系统不支持的数据类型时就需要进行类型转换。

E-R 图中允许出现非原子属性，但在关系模式中一般不允许出现非原子属性，非原子属性主要有集合型和元组型。如果出现此种情况，可以进行转换，其转换方法是集合属性纵向展开，而元组属性横向展开。